CLASSIC GAME VISUAL BOOK

クラシックゲーム大博覧会 1972-1985

山崎 功

立東舎

MineStorm
1
2
3
4
BANDAI

TV-GAME 15
CONTROLLER
CONTROLLER
TV-GAME 6

CLASSIC GAME VISUAL BOOK
CONTENTS

PART1
INTEGRATED GAME MACHINE
一体型ゲーム機

PART2
CASSETTE TYPE GAME MACHINE
カセット交換式ゲーム機

PART3
GAMING PERSONAL COMPUTER
ゲームパソコン

PART1
INTEGRATED G

AME MACHINE

一体型ゲーム機

ODYSSEY

ODYSSEY
ENGLISH
HORIZONTAL
RESET

ODYSSEY

- 発売時期：1972年
- メーカー：MAGNAVOX
- 当時の価格：不明（US99.95ドル）

米国の大手家電メーカーが発売した世界初の家庭用ゲーム機。サイコロやチップを使い、オーバーレイ上の光を動かして遊ぶ。ボールをラケットで打ち合うテニスゲームも内蔵され、視聴が常識だったテレビを遊びに変えたのが画期的だった。国内でもわずかに輸入販売されたという。

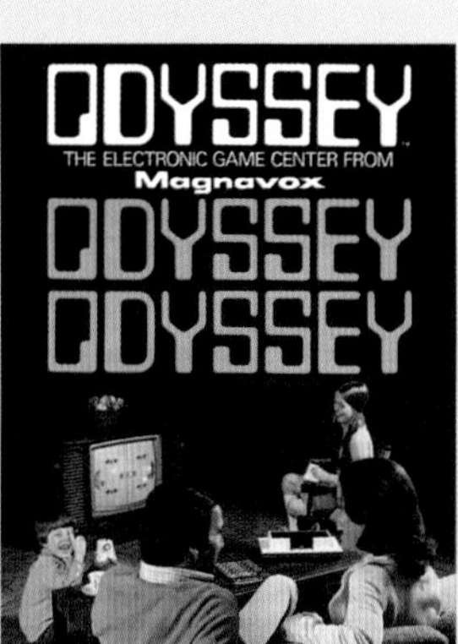
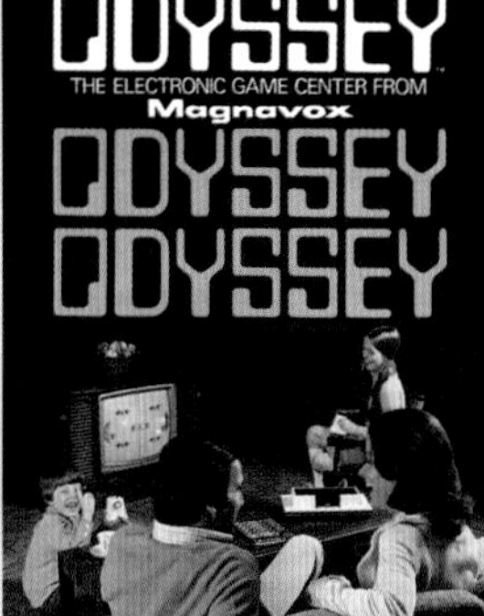

ODYSSEYの
パンフレット

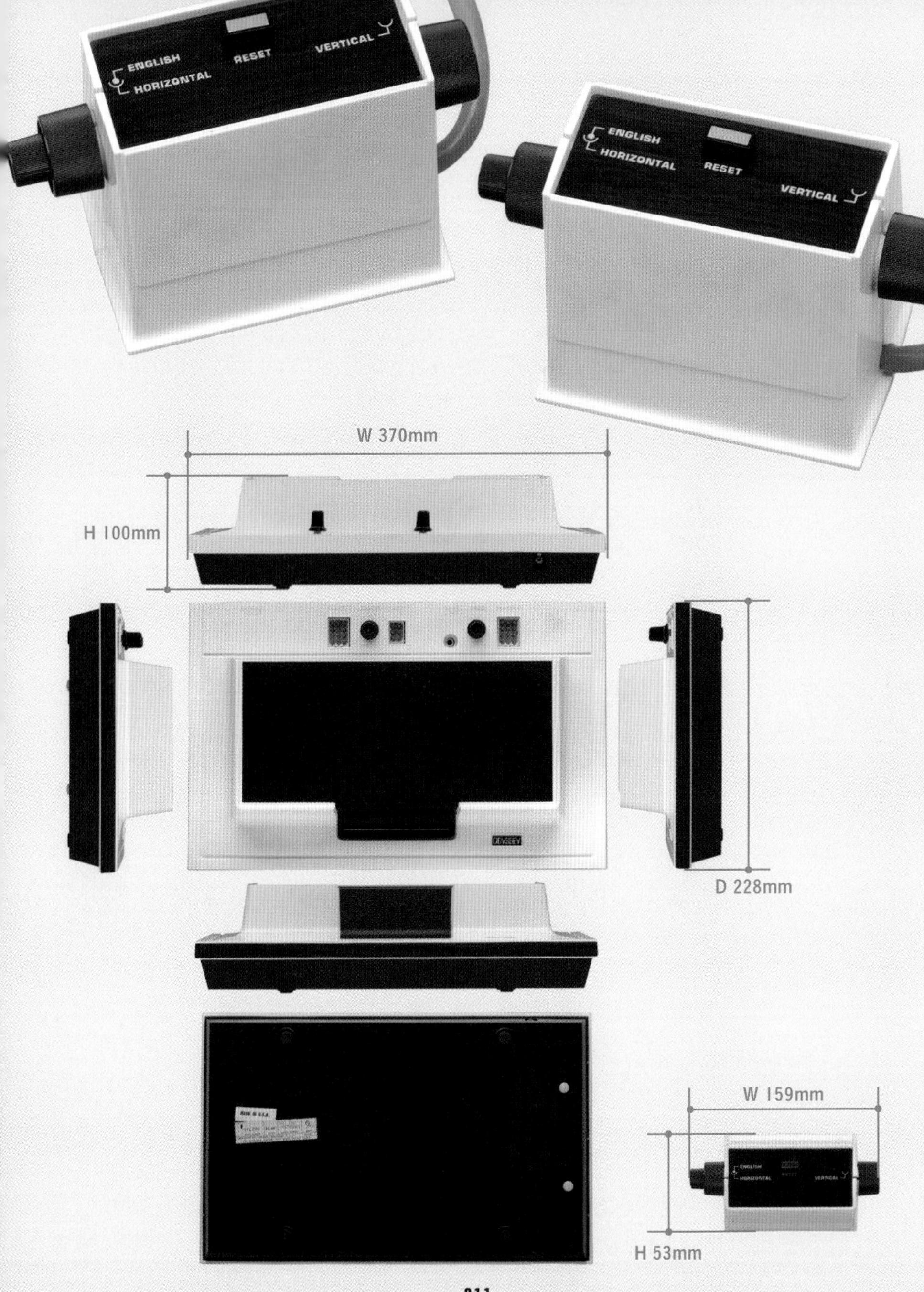
ENGLISH
HORIZONTAL
RESET
VERTICAL
W 370mm
H 100mm
D 228mm
ODYSSEY
W 159mm
H 53mm

ODYSSEYのゲーム

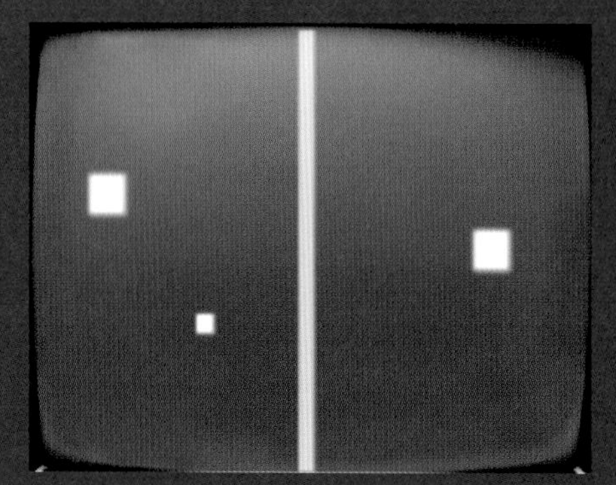
TABLE TENNIS

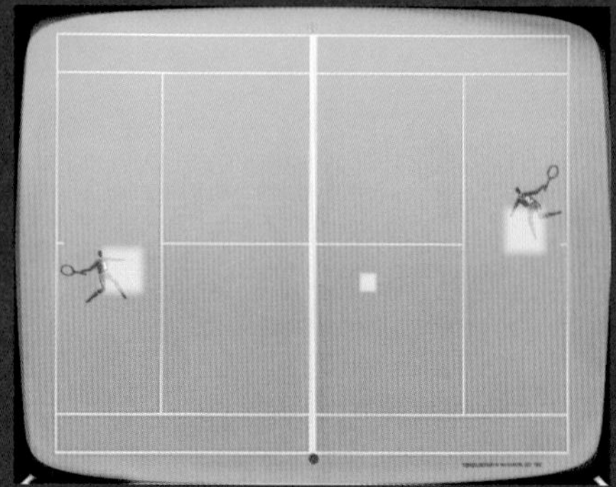
TENNIS

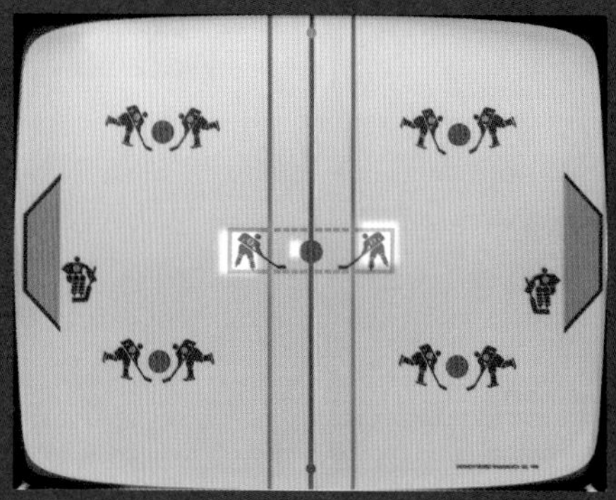
HOCKEY

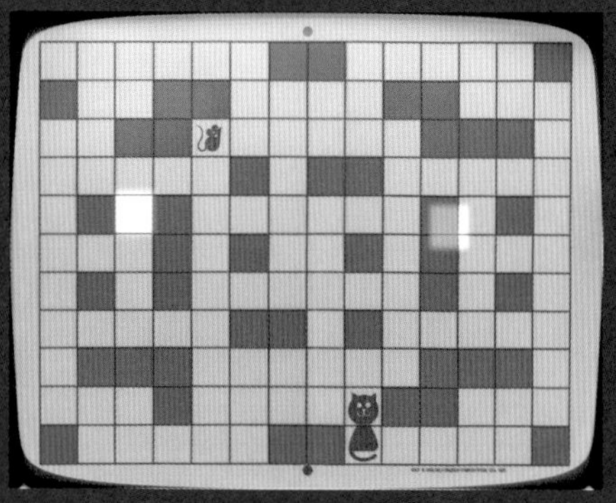
CAT AND MOUSE

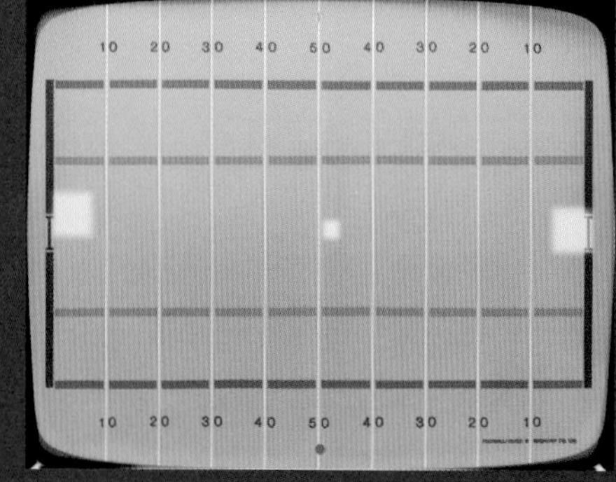

FOOTBALL

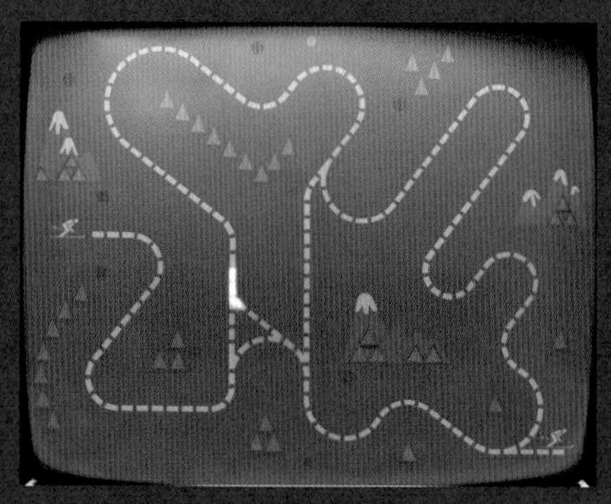
SKI

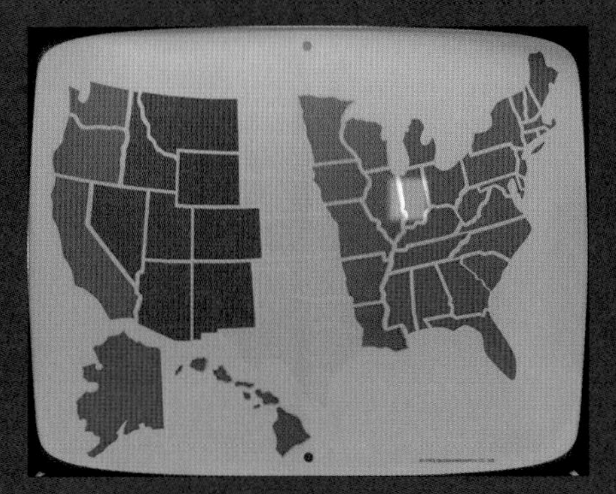

STATES

ROULETTE

HAUNTED HOUSE

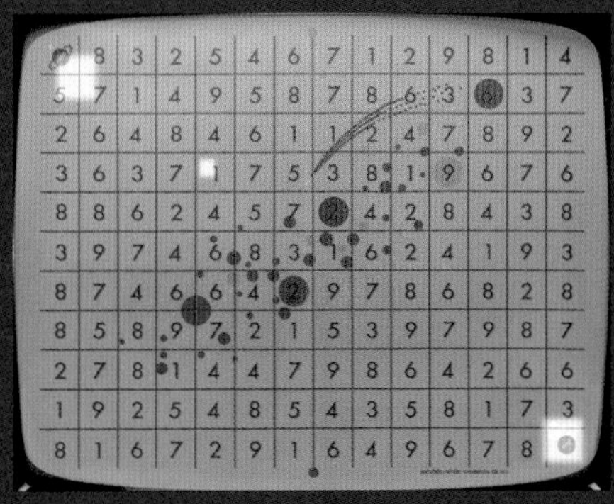

ANALOGIC

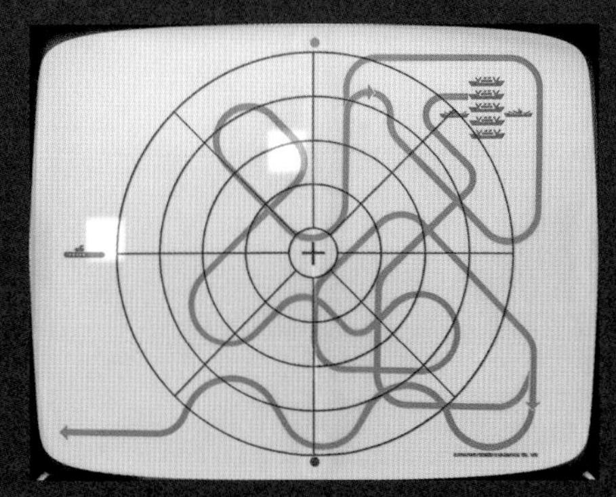

SUBMARINE

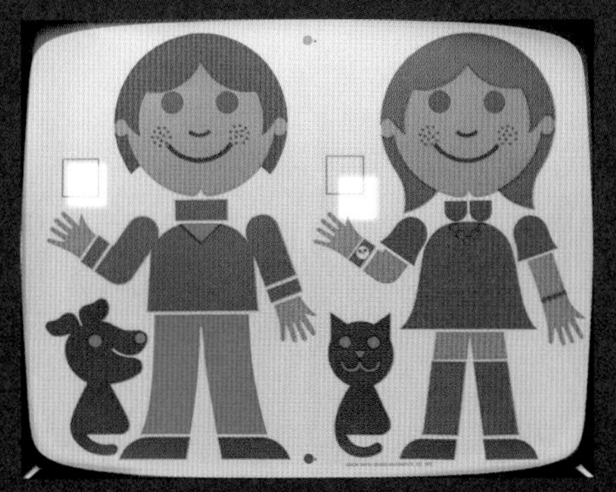

SIMON SAYS

TV TENNIS

テレビテニス

- 発売時期：1975年　● メーカー：エポック社
- 当時の価格：19,500円

老舗玩具メーカー・エポック社が発売した国内初の家庭用ゲーム機。本体からUHF電波でテレビ側に飛ばすワイヤレス方式が採用され、モノクロ画面のテニスゲームが1〜2人で遊べる。画面にスコア機能がないため、本体前面のダイヤルを回して加点。単一電池4本で可動する。

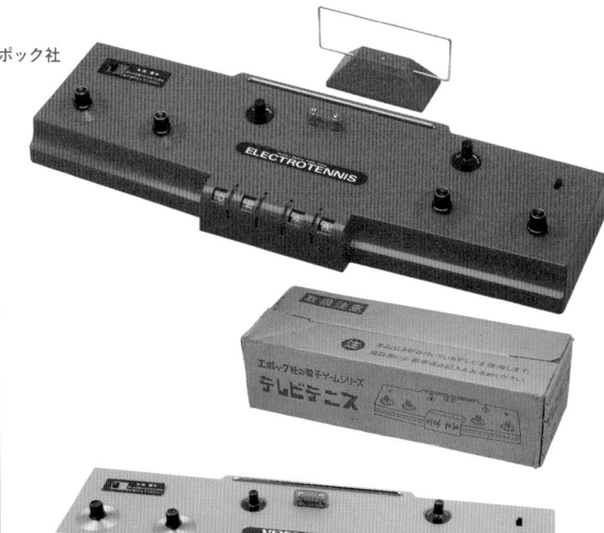

日立系の店舗で販売されたシルバータイプ

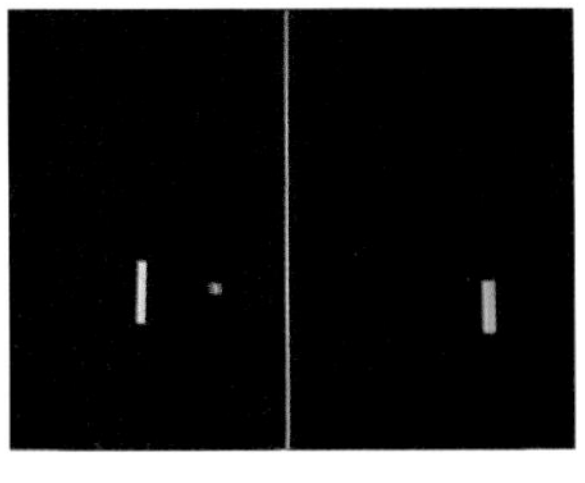

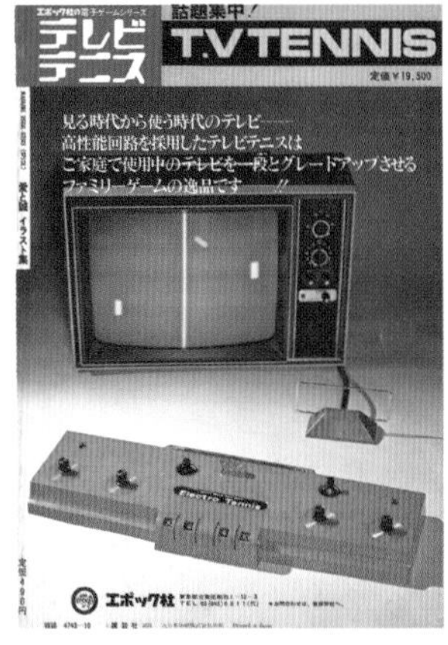

テレビテニスの広告（「愛と誠 イラスト集」（1976年）の裏表紙）

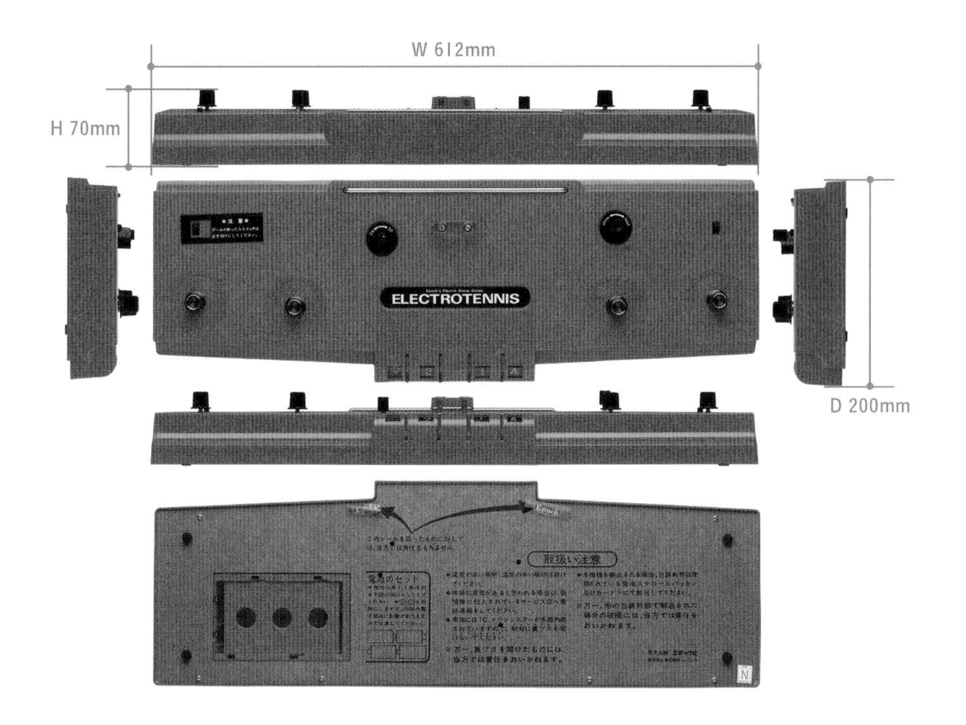
W 612mm
H 70mm
D 200mm
ELECTROTENNIS
取扱い注意
電池のセット

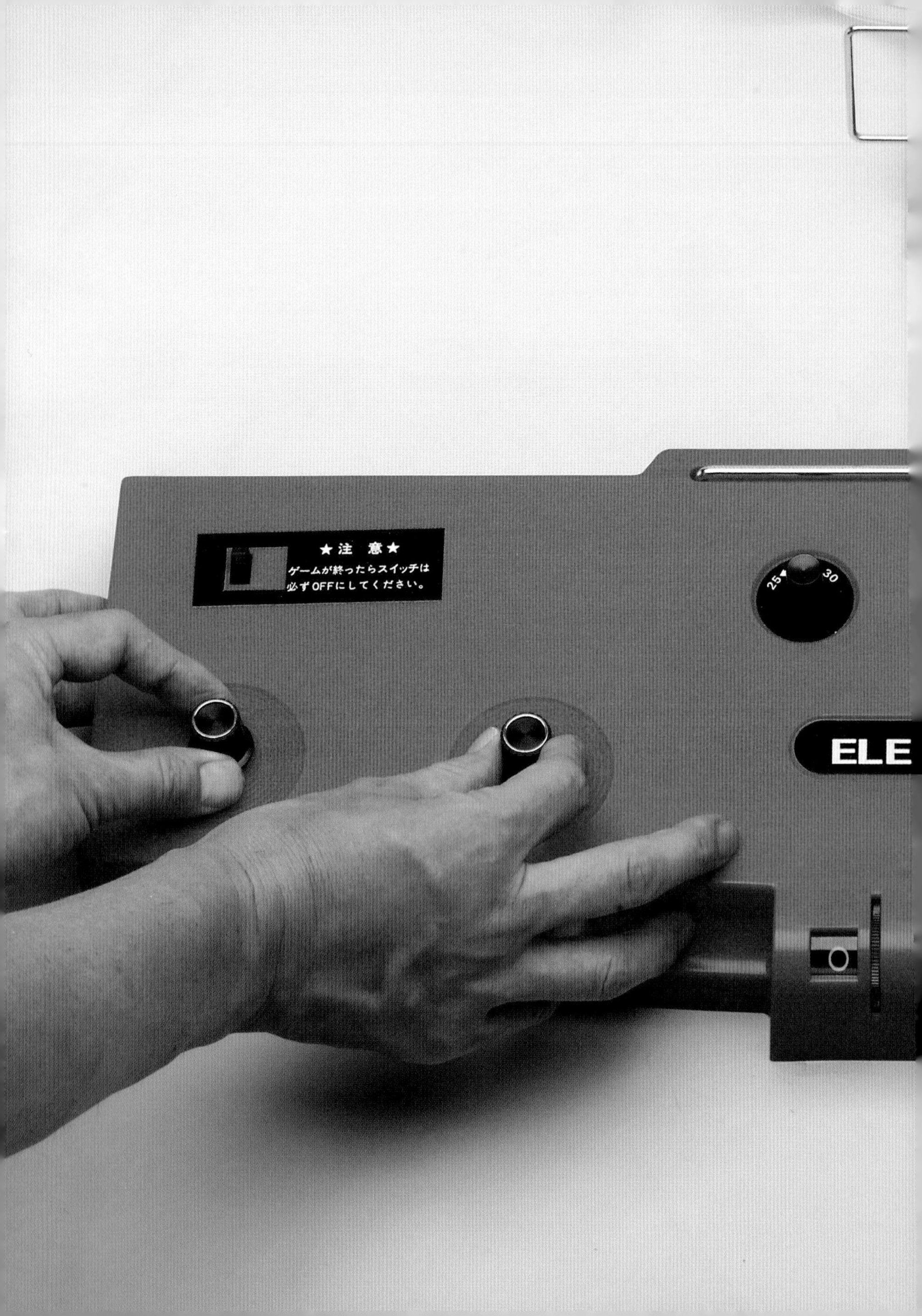
★注　意★
ゲームが終ったらスイッチは
必ずOFFにしてください。
25
30
ELE

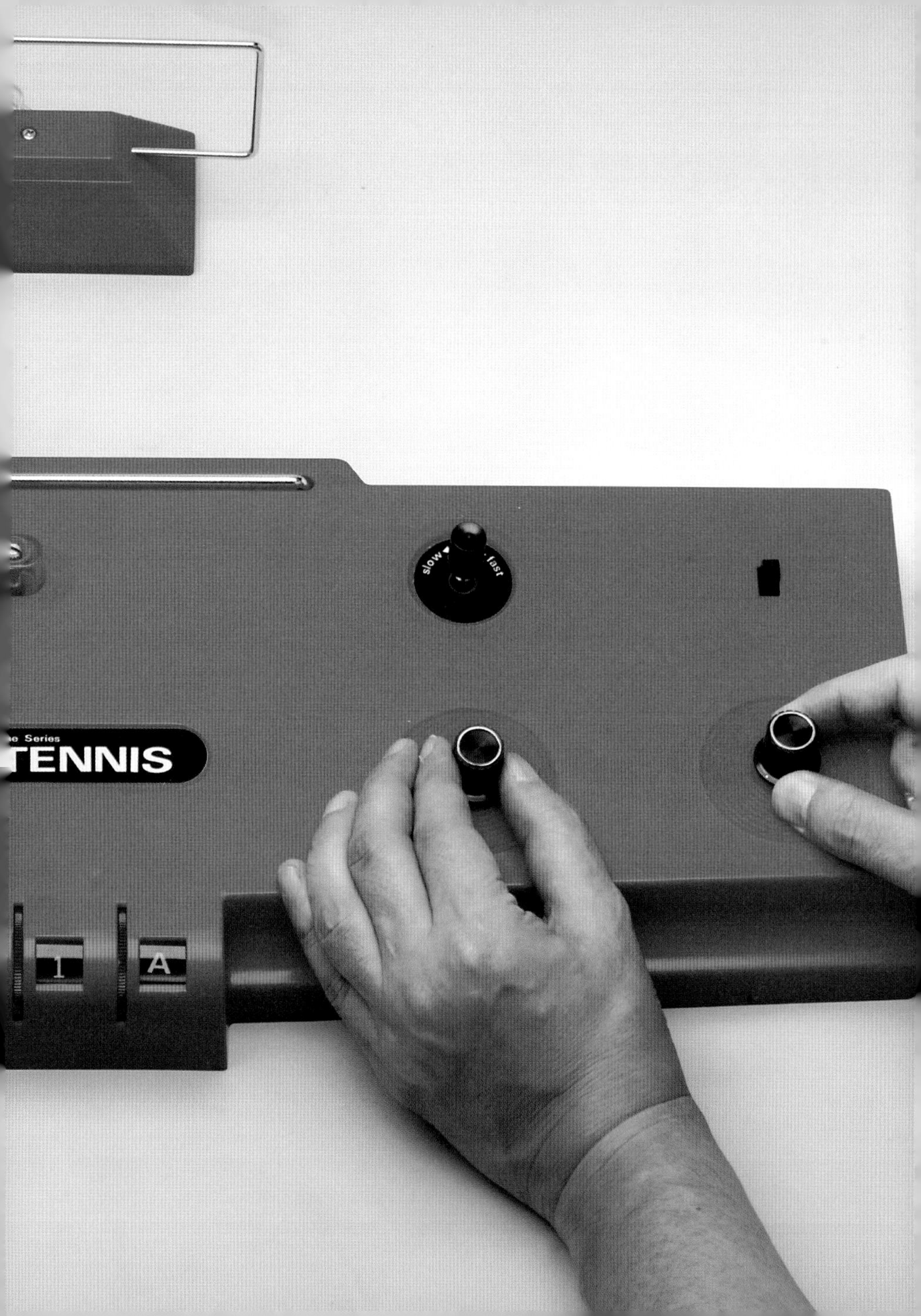
TENNIS
slow
fast
1
A

PONG

TELE-GAMES
PONG
ATARI
PUSH
START GAME
PONG
ATARI
ON
PUSH
START GAME

PONG

●発売時期：1976年　●メーカー：ATARI
●当時の価格：24,800円

米国で大ヒットした業務用「PONG」（'72）の家庭版。ボールをラケットで打ち合いながら得点を競う。米国では75年に大手百貨店のシアーズが「TELE-GAMES PONG」の名称で販売し、翌年ATARI社が自社ブランドで発売。国内では西武百貨店や中村製作所（ナムコの前身）が輸入販売した。

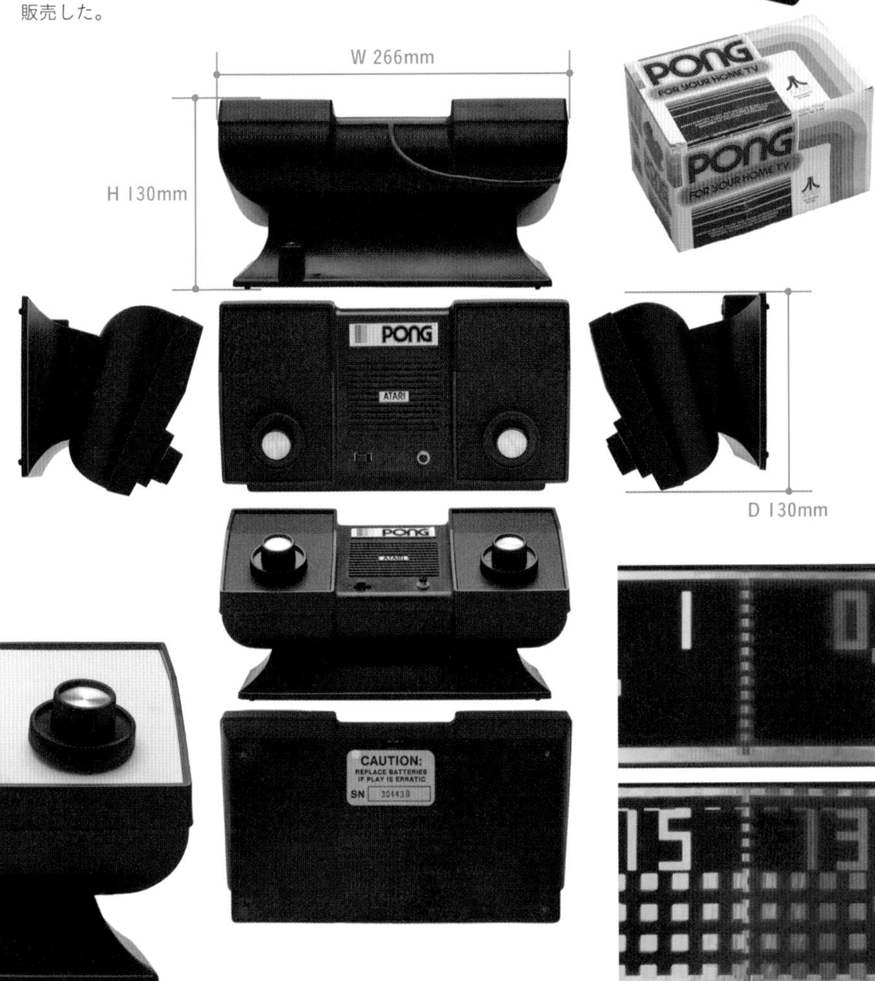

TELESPO

テレスポ
GA-ダイシン
テニス
射撃I
射撃II
大
小
ラケットサイズ
手動
自動
サーブ
低速
高速
ボールスピード
鈍角
鋭角
ボール角度
手動サーブ
リセット
電源
入
切

テレスポ

- 発売時期：1976年
- メーカー：GA-ダイシン
- 当時の価格：24,900円

ラジコンなどを手掛ける大進興業が発売したマシン。モノクロ画面のボールゲーム4種類と射撃ゲーム2種類を内蔵し、サーブやラケットサイズ、ボールスピードなどの調整も行える。本体のカラーバリエーションや別売りの光線銃などをいち早く投入した。単三電池5本で可動。

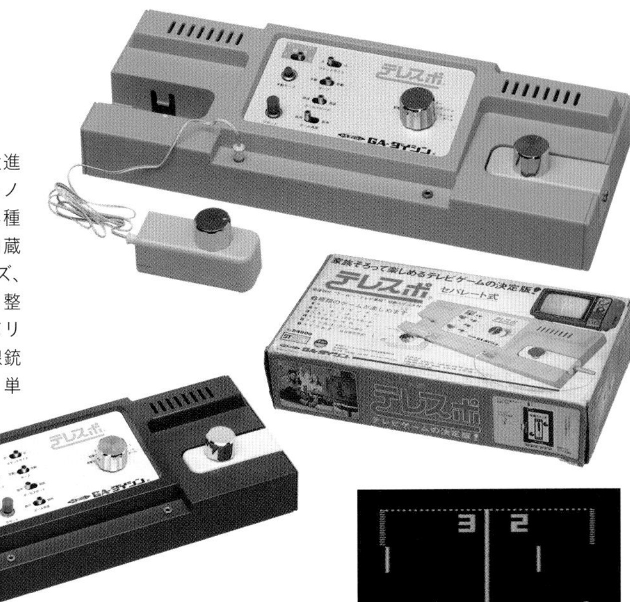

テレスポジュニア

- 発売時期：1977年
- メーカー：GA-ダイシン
- 当時の価格：8,800円

「テレスポ」の廉価版。モノクロ画面のボールゲーム4種類と射撃ゲームを内蔵し、ラケットサイズやボールスピードなどが調整できるなど、「テレスポ」と同程度の機能を持っている。ACアダプターが同梱されたモデルとしては、破格の値段だった。

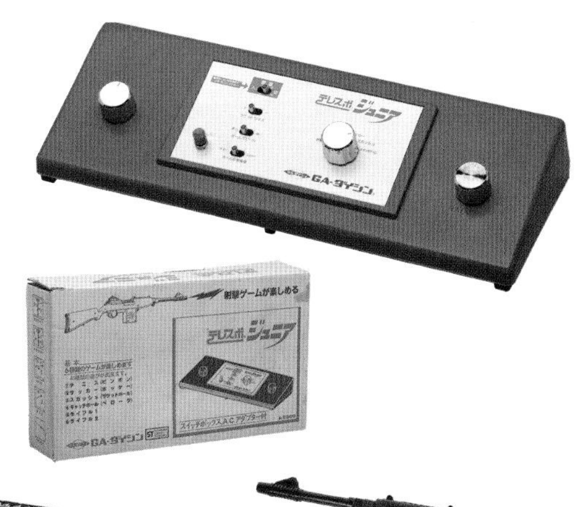

別売りの光線銃「M-I スポーツライフル」

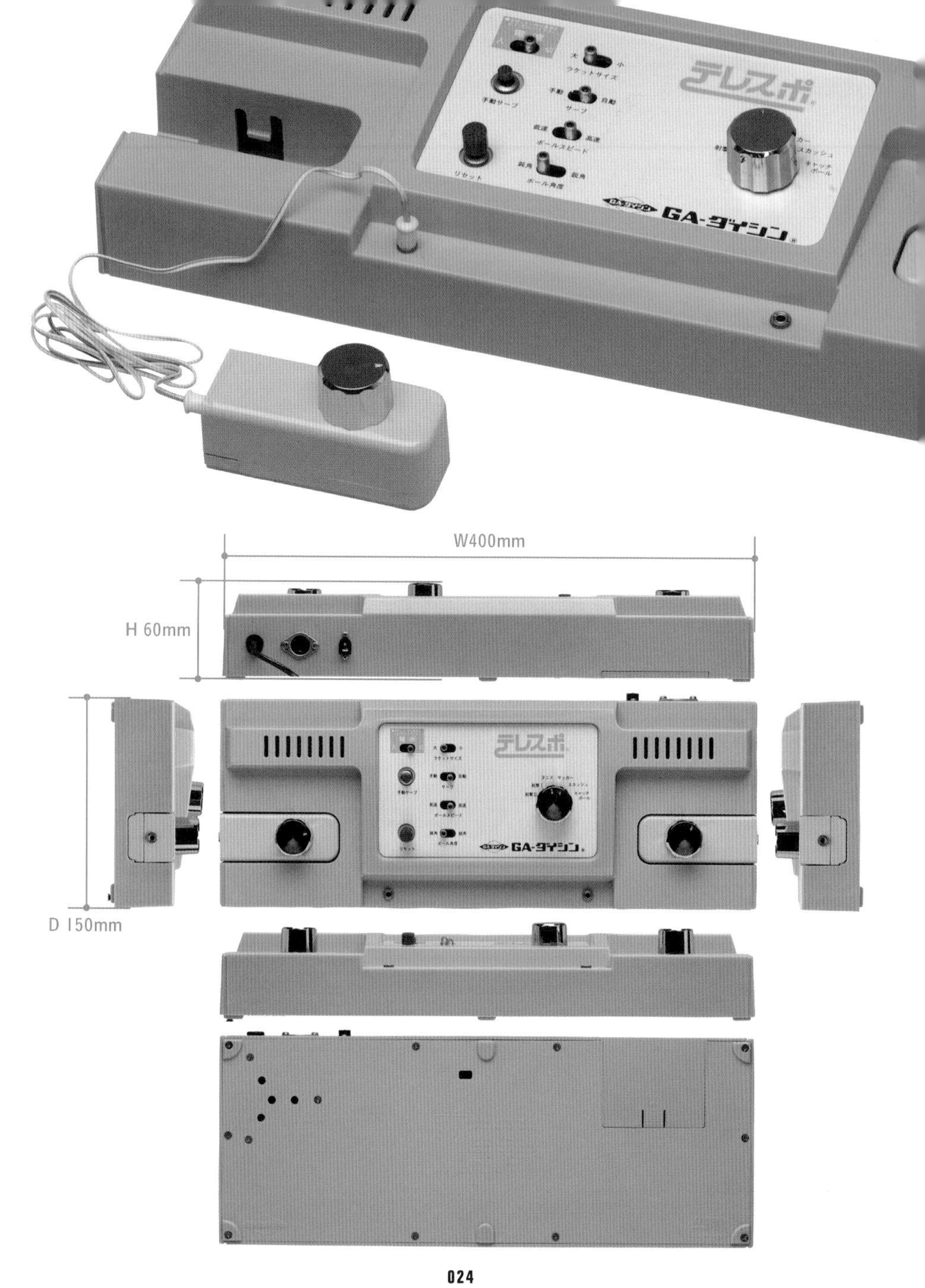

テレスポ
大
小
ラケットサイズ
手動サーブ
手動
自動
サーブ
低速
高速
ボールスピード
リセット
ボール角度
スカッシュ
キャッチ
ボール
GA-ダイシン
W400mm
H 60mm
D 150mm

BLACK JAGUAR-6

ブラックジャガー6

- 発売時期：1977年
- メーカー：タカラ
- 当時の価格：14,800円

ラジカセのような形状が特徴のタカラの家庭用ゲーム機。本体には収納可能なリモート式のコントローラー2個が装備され、光線銃とACアダプターが付属。ボールゲーム4種類と射撃ゲーム2種類を内蔵し、難易度の細かな設定も可能。射撃ゲームなしの廉価版「ブラックジャガー4」もある。

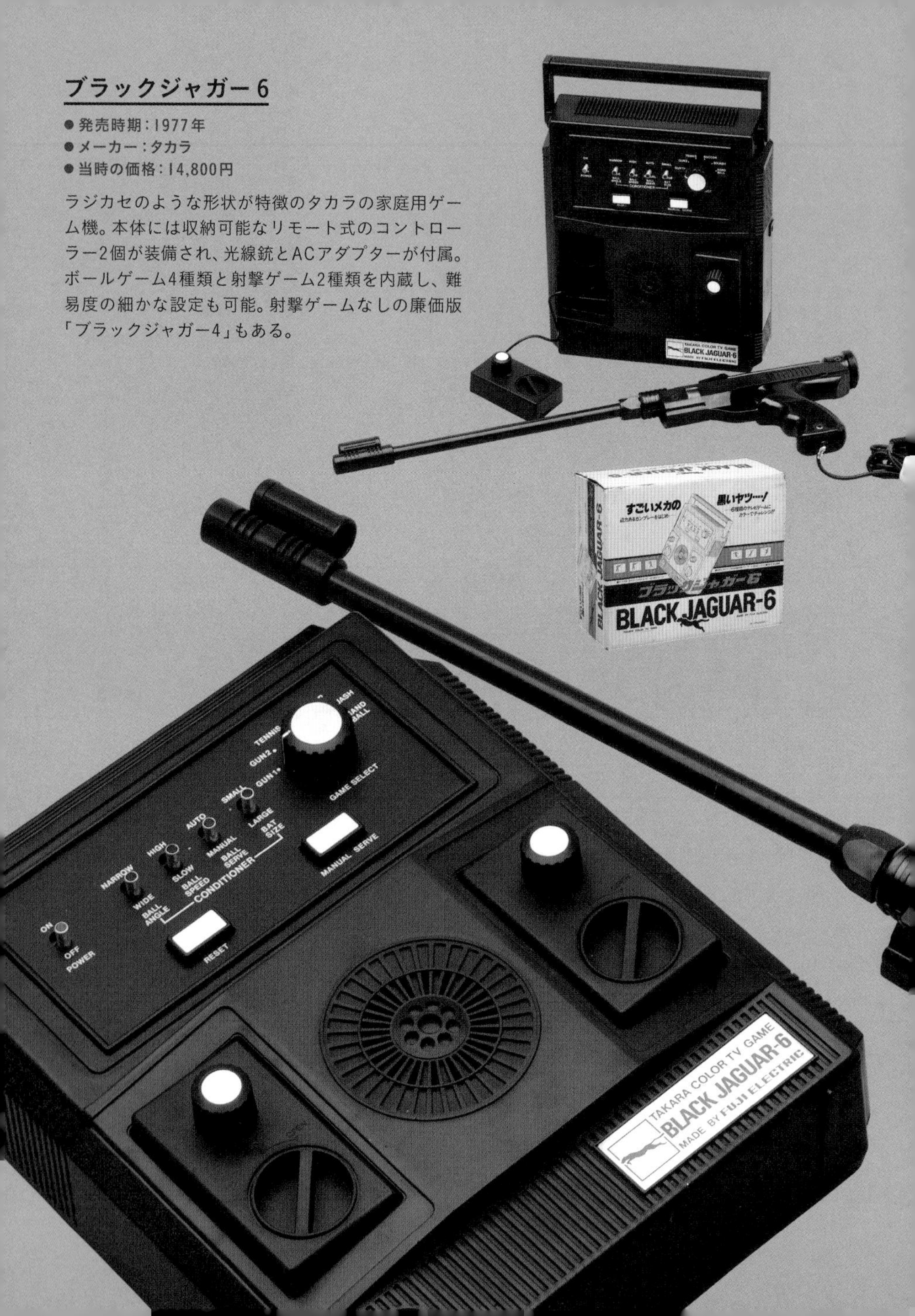

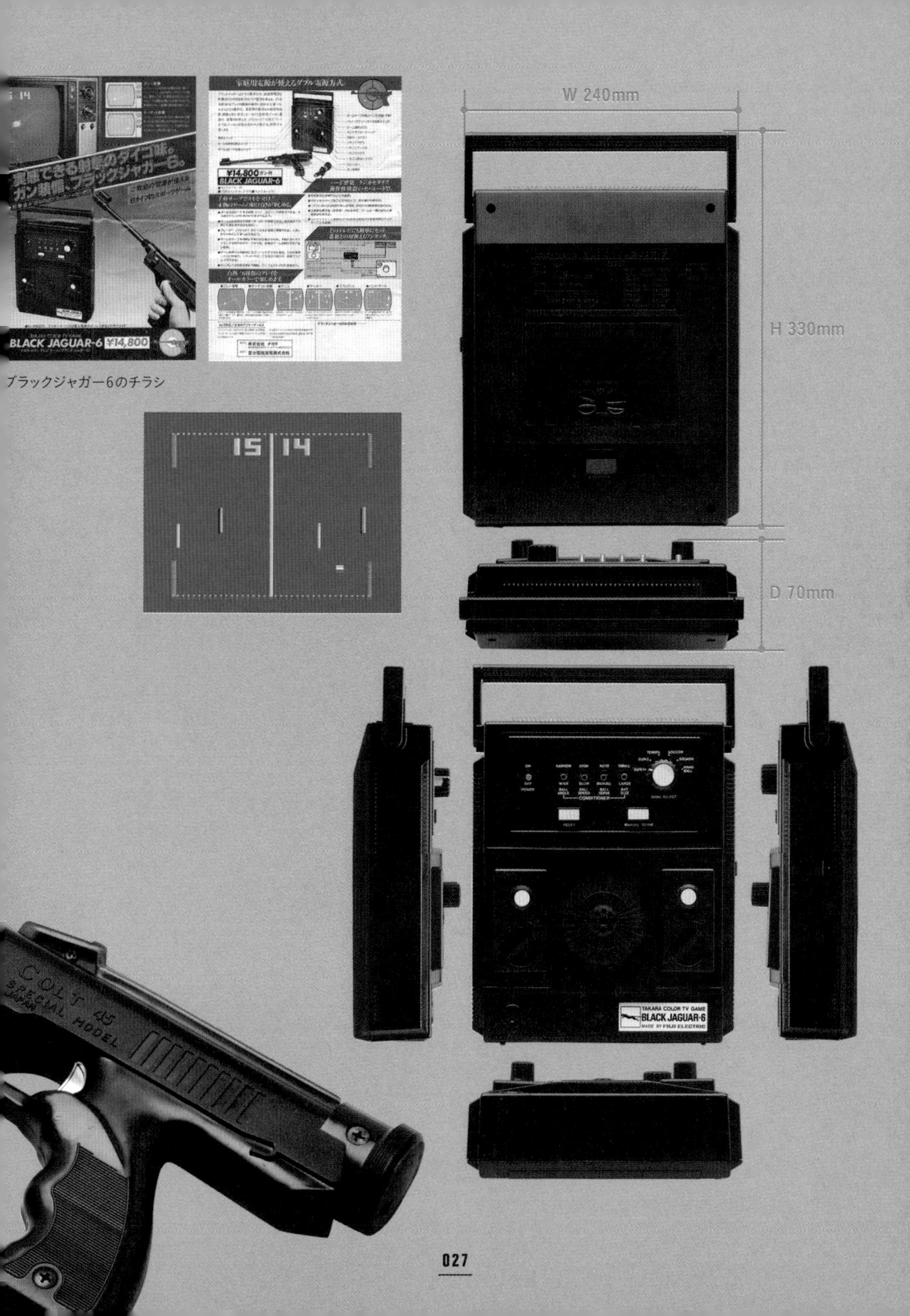

ブラックジャガー6のチラシ

T.U.G

T.U.G

● 発売時期：1977年　● メーカー：タカトク
● 価格：22,800円

キャラクター玩具ではバンダイよりも先発のタカトクが発売したモノクロ画面のマシン。ボールゲーム4種類と射撃ゲーム2種類を内蔵し、「テレスポ」（GA-ダイシン）と同等の機能を持つ。単二電池6本で稼動。別売りでゴールド仕様の光線銃やライフルタイプの光線銃がある。

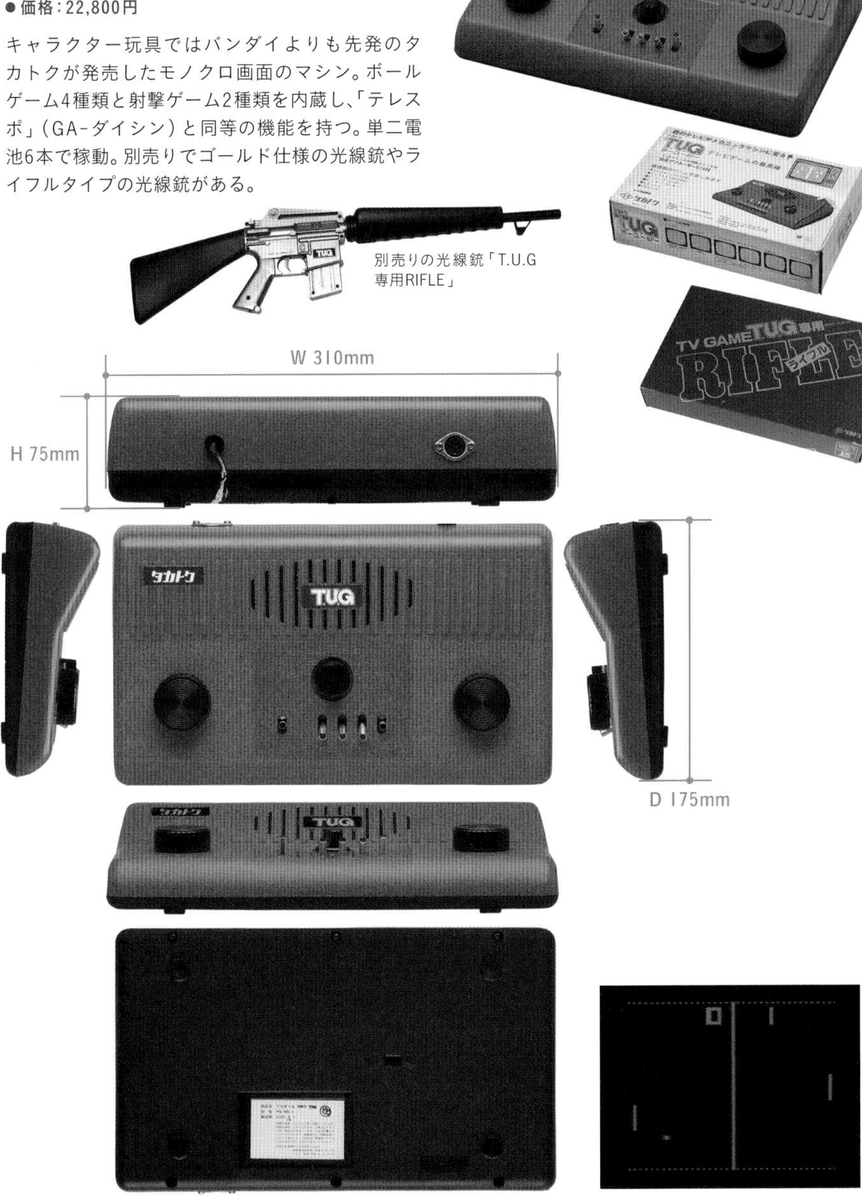

別売りの光線銃「T.U.G 専用RIFLE」

TV FUN

401/501/601/602/701/801/901/902

TOMY TV FUN 601
RESET
GAME SELECT
PLAYER
SQUASH
TENNIS
HOCKEY
TOMY
TV FUN 602
POWER
OFF ON
COLOR
ON
OFF
POWER
START
GAME SELECT
LEFT
TV FUN
701
RIGHT
TOMY
TV FUN MODEL 601
RESET
GAME SELECT
FOOTBALL
TENNIS
SQUASH
PLAYER
POWER
ON
2
OFF

TV FUN 401

● 発売時期：1977年　● メーカー：トミー
● 当時の価格：18,000円

シリーズ初のモデル。モノクロ画面のボールゲーム4種類を内蔵し、ラケットサイズや反射角、ボールスピードの設定が可能。どのゲームも先に15点取ったほうが勝ち。単二電池6本で可動。木目調のシックな本体が大人の雰囲気を漂わせている。

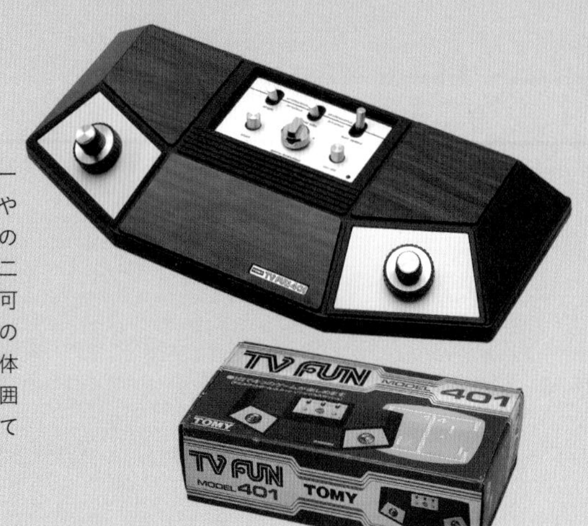

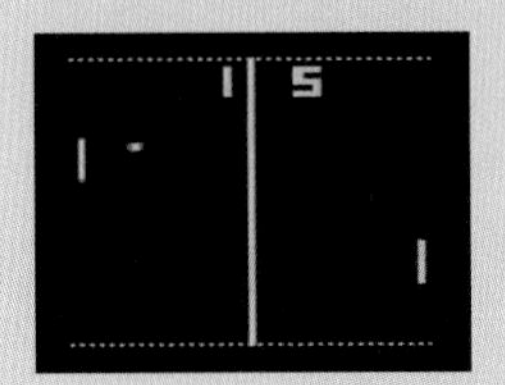

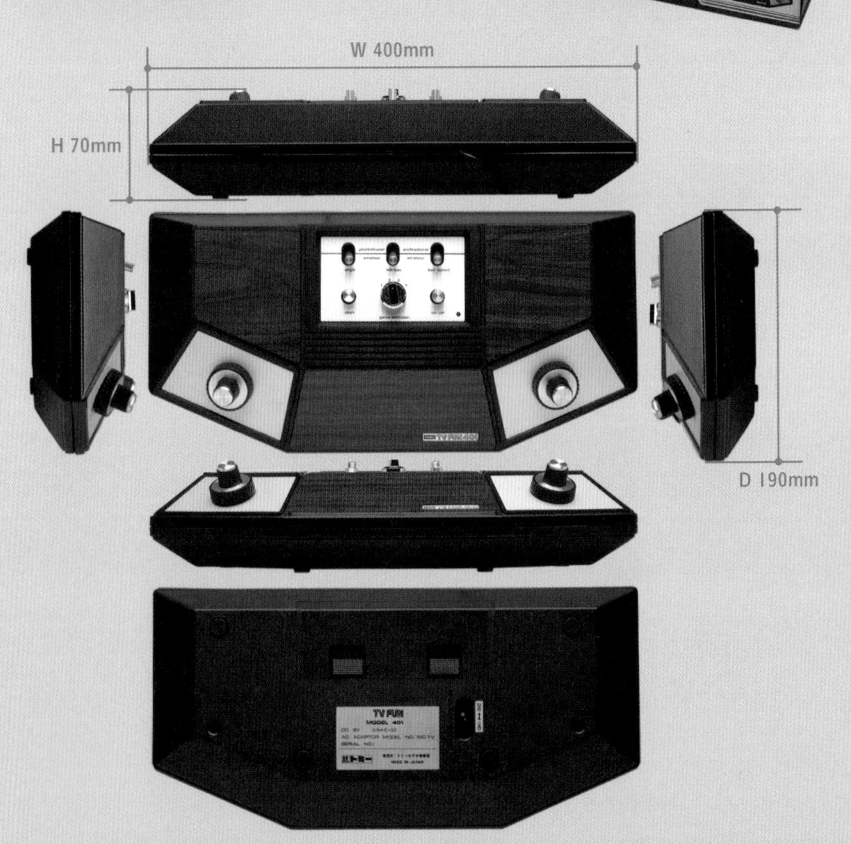

TV FUN 501

●発売時期：1977年　●メーカー：トミー
●当時の価格：13,000円

カラー画面のボールゲーム3種類が遊べるモデル。乾電池不要のカラー画面が売りだったが、「カラーテレビゲーム6」（任天堂／'77）など低価格マシンに押されて短命に終わったという。「TV FUN401」にはないACアダプターが付属している。

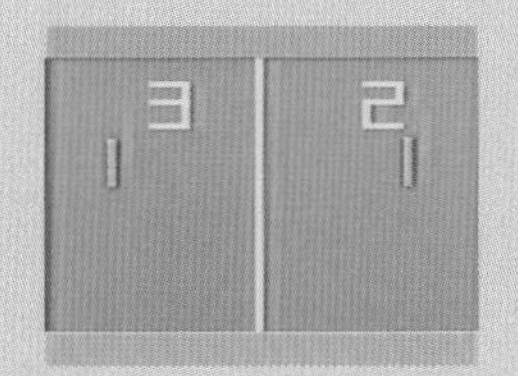

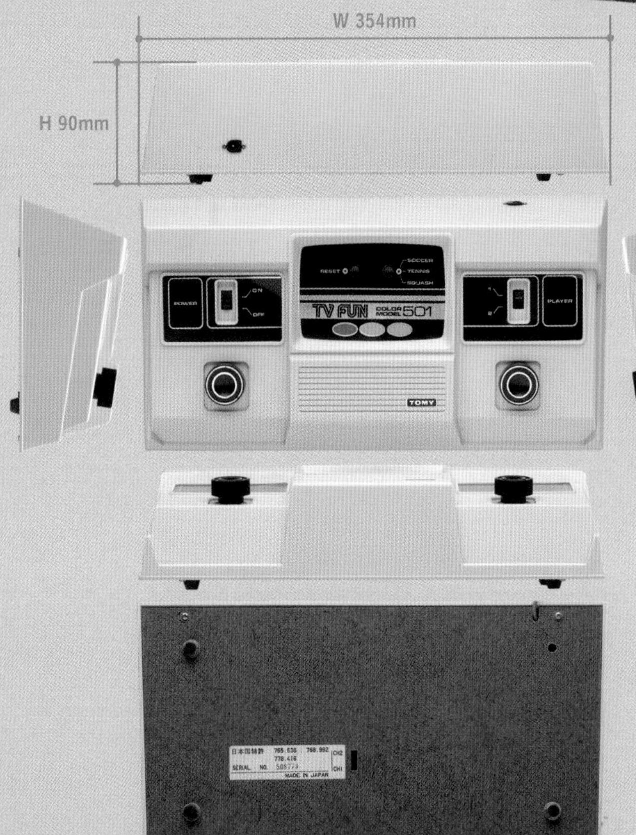

D 190mm

TV FUN 601

● 発売時期：1977年　● メーカー：トミー
● 当時の価格：9,980円

シリーズで最も普及したモデル。ボールゲーム3種類を内蔵し、それぞれ1〜2人で遊べる。任天堂の「カラーテレビゲーム6」に対抗し、ACアダプター付きでリーズナブルな価格を実現。本体にはホワイトカラーモデルや井村屋のキャンペーンモデルもある。

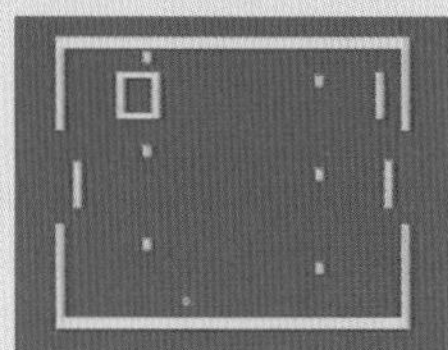

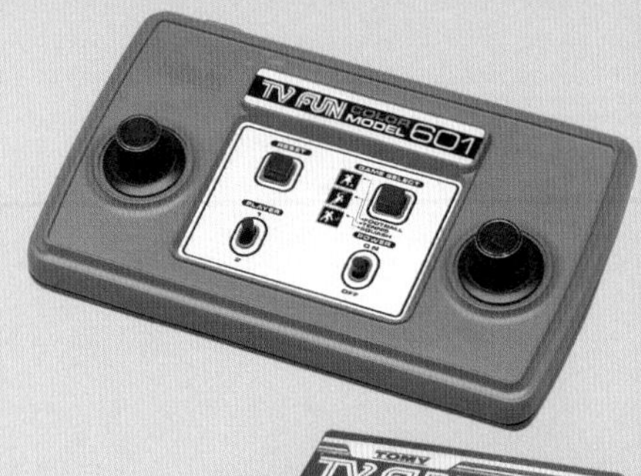

W 270mm

H 70mm

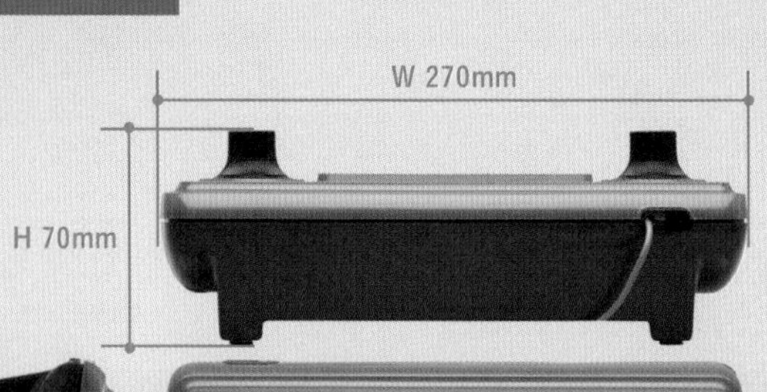

D 170mm

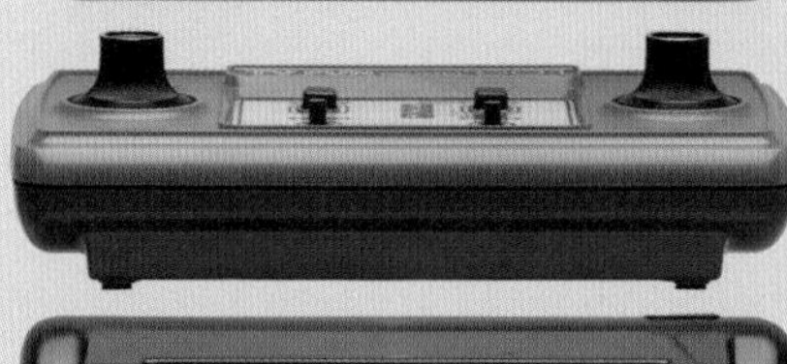

TV FUN 602

● 発売時期：1977年　● メーカー：トミー
● 当時の価格：12,800円

「TV FUN601」をファミリー向けにアレンジしたもの。外付けのリモート式コントローラー2個が追加され、最大4人同時プレイが可能。低価格で販売するため、当時のボールゲーム機に標準搭載されていた難易度の切り替えスイッチが省略されている。

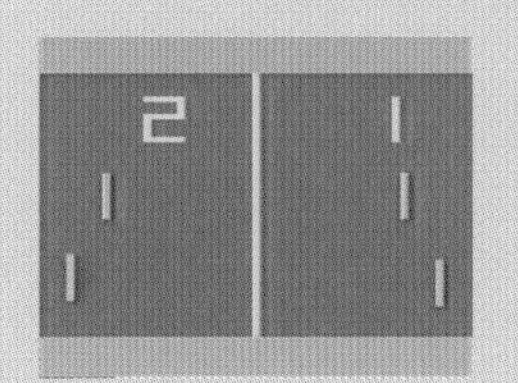

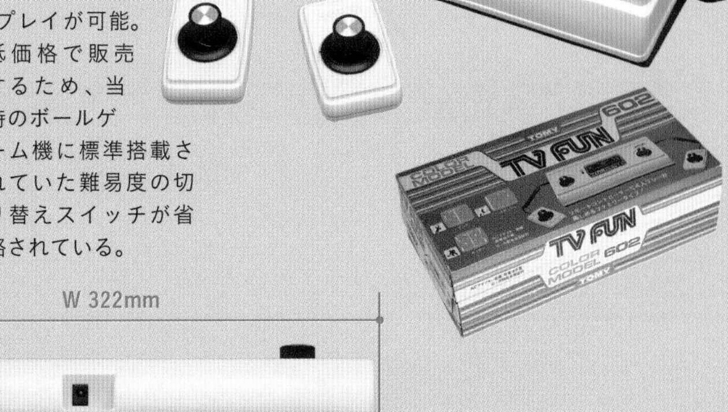

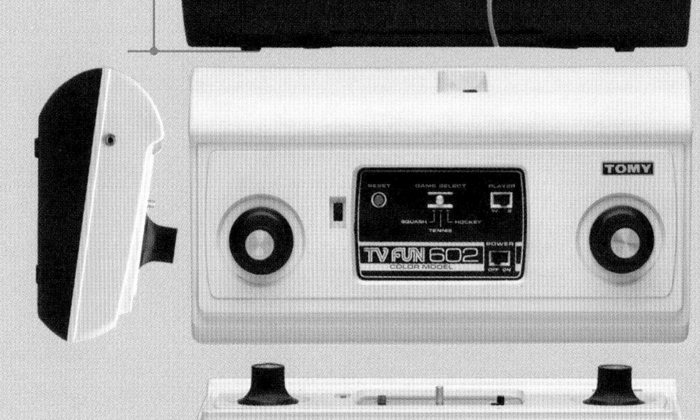

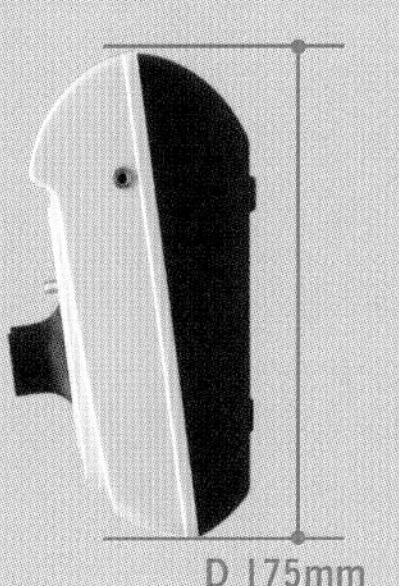

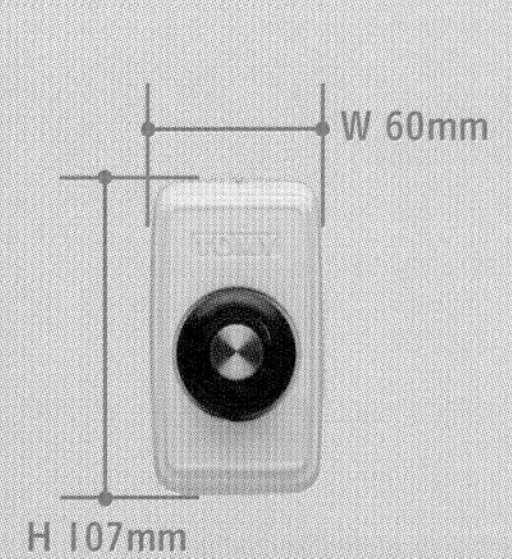

TV FUN 701

●発売時期：1977年　●メーカー：トミー
●当時の価格：16,000円

ラケットを8方向に移動できるアナログレバーを搭載したモデル。これまでのシリーズで遊べたボールゲームに加えて、日本初といわれるバスケットボールやグリッドボールなど全8種類のゲームを内蔵。難易度の設定やボールの位置が変わるサーブシステムも搭載している。

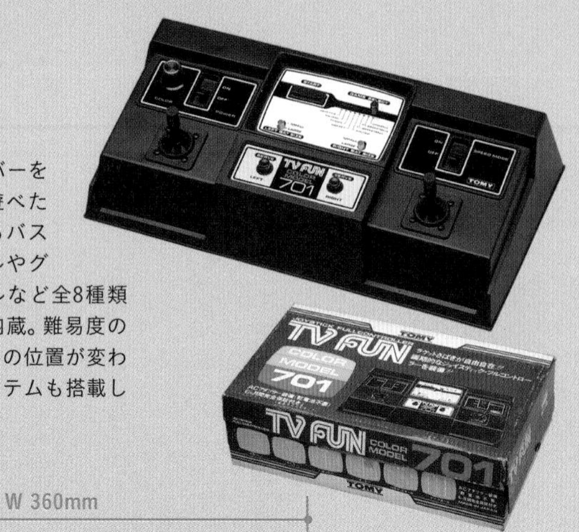

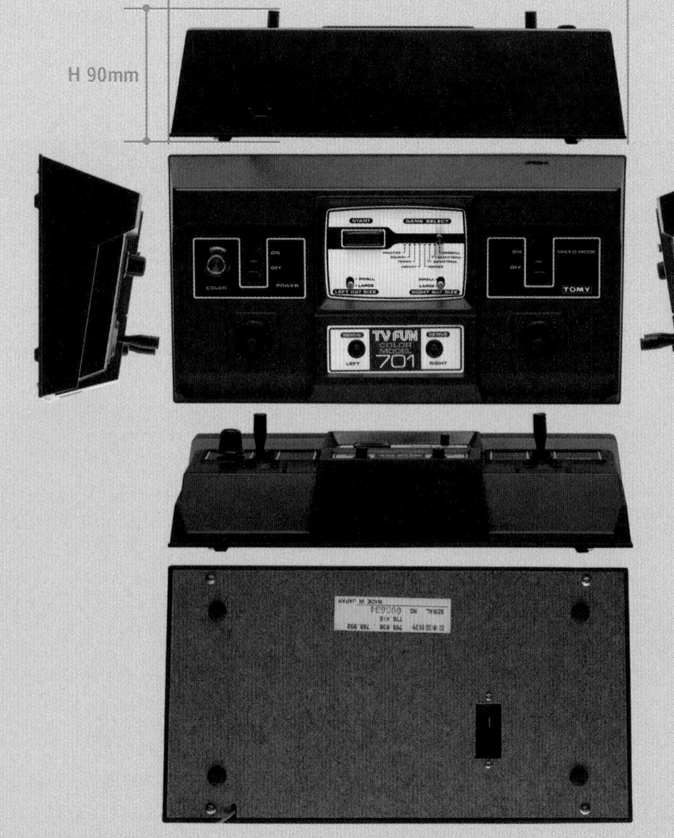

TV FUN 801

● 発売時期：1977年　● メーカー：トミー
● 当時の価格：18,000円

「TV FUN401」と同型機だが、こちらは6種類のボールゲームと射撃ゲームを内蔵した上位モデルにあたる。筒状のリモート式コントローラー2個と光線銃が付属し、4人同時プレイも可能。オートとマニュアルで切り替えできるサーブシステムが搭載されている。

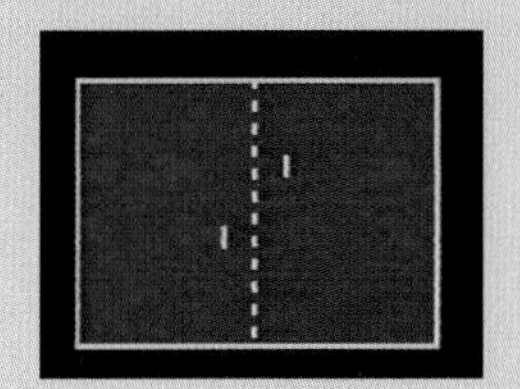

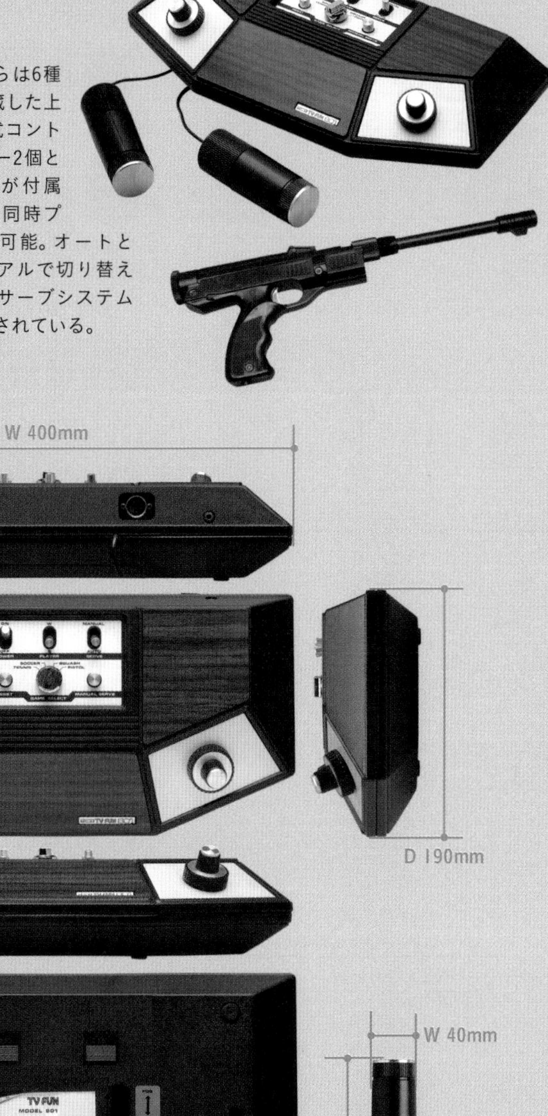

TV FUN 901

- 発売時期：1978年
- メーカー：トミー
- 当時の価格：18,000円

モトクロスバイクのスタントショーを再現したモデル。4つのパターンからゲームを選択し、ハンドル型のコントローラーを握ってバイクを操作。ボールゲーム4種類も内蔵され、本体直付けのコントローラーを使って遊ぶ。

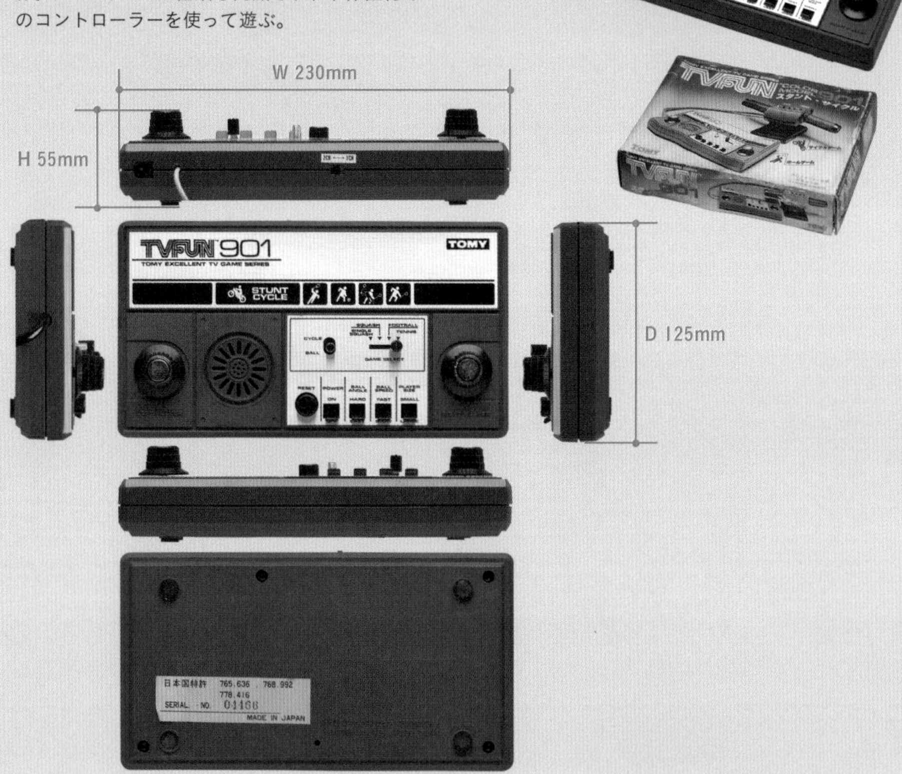

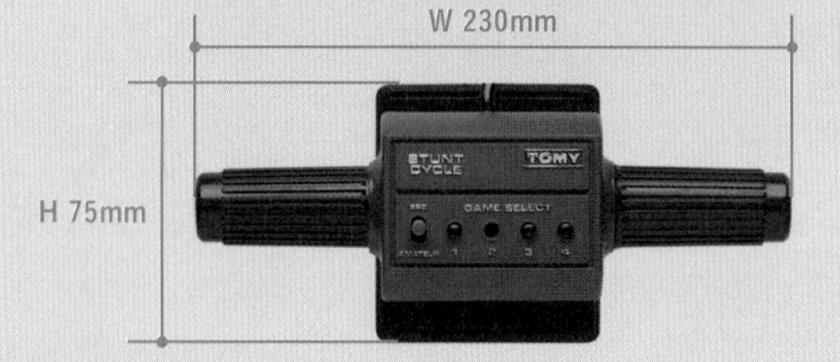

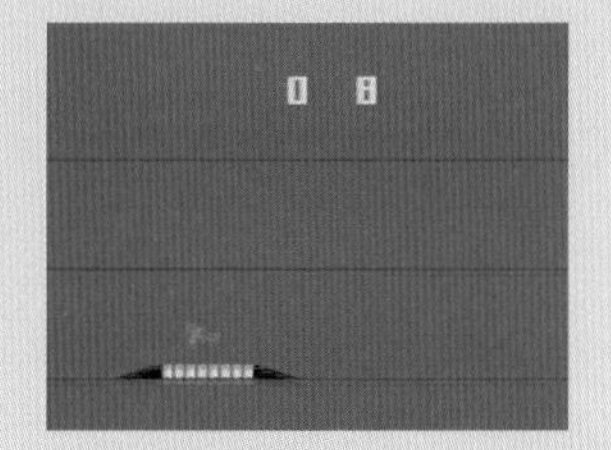

TV FUN 902

- 発売時期：1978年
- メーカー：トミー
- 当時の価格：9,800円

「TV FUN901」の廉価版として発売されたシリーズ最後のモデル。モトクロスバイクのジャンプはそのまま遊べるが、ボールゲームがレースゲームに置き換わった。レースゲームで遊ぶときは、本体搭載のハンドルコントローラーを使う。

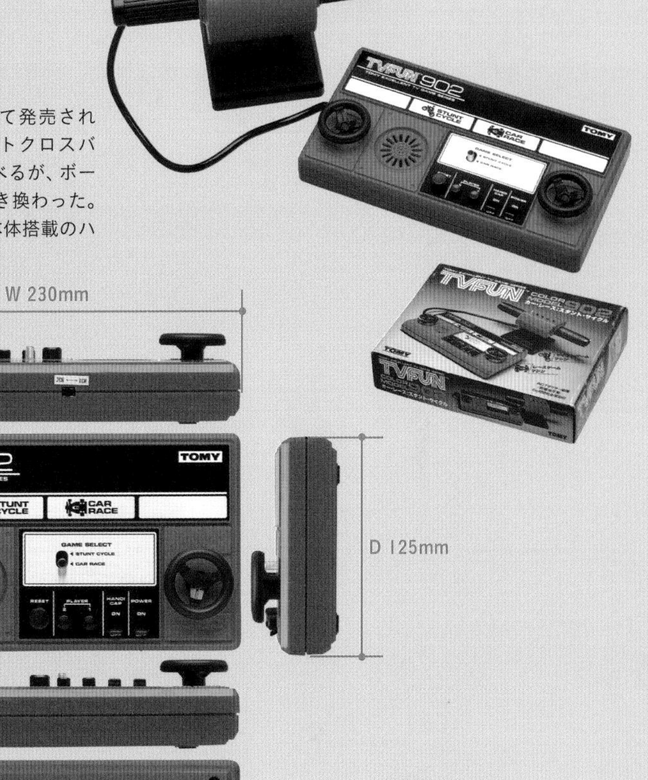

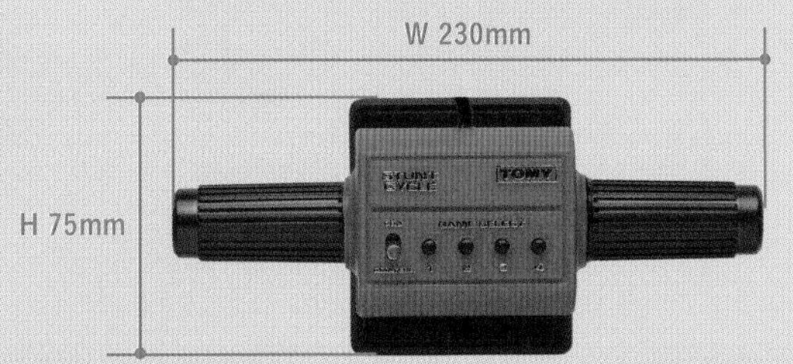

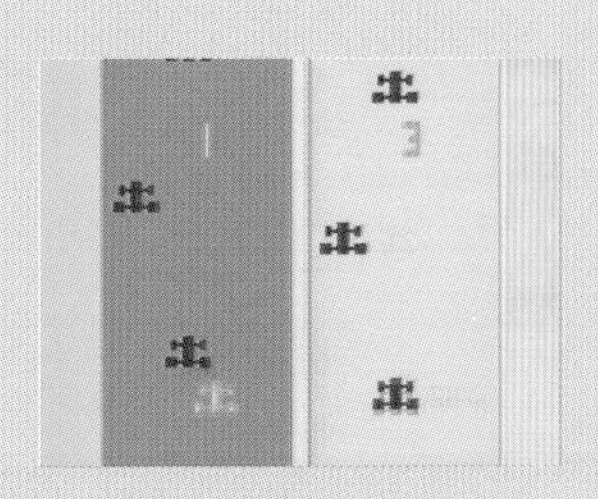

完全フル装備、驚きの9,980円。
カラー6ゲーム、ACアダプター付。

TV FUN COLOR MODEL 601

テレビファン・モデル601は、2プレーヤー、カラー6ゲーム。しかも常に安定した画面でゲームが楽しめる乾電池のいらない家庭用電源方式のACアダプターに、テレビとゲームがワンタッチで切り換えられるスイッチボックス付で、9,980円というお求めやすさです。それに加えて、ゲームを楽しくするラケットサイズ左右独立3段切り換えのハンディキャップ装置、ラケットさばきがスムーズなフルシンクロ・コントローラーなど、トミー独自の優れたメカを搭載しています。テレビファン・モデル601は、価格、機能この2つの面でテレビゲームの理想を追求し完成した、優れたモデルです。

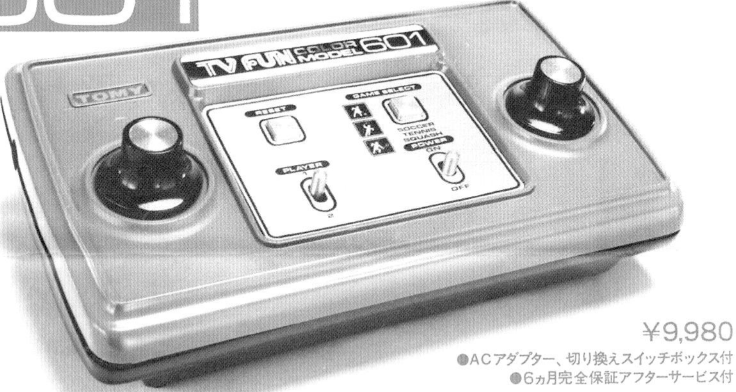

¥9,980
●ACアダプター、切り換えスイッチボックス付
●6ヵ月完全保証アフターサービス付

モデル601の特長

●テレビファン本体に、ACアダプター、切り換えスイッチボックスの2つが付いて、お求めやすい9,980円。すぐにゲームが楽しめます。
●パワーは 連続9時間のプレーが限度の乾電池方式のテレビゲームにくらべて、電池交換の費用も手間もかからない、経済性抜群のACアダプター使用の家庭用電源方式です。

●プレーヤーのテクニックに合せて、大・中・小のラケットサイズが選べ、ハンディをつけてゲームが楽しめる、ラケットサイズ左右独立3段切り換えの"ハンディキャップ装置"が付いています。ですから大人と子供、ビギナーとベテラン誰とでも楽しくプレーすることができます。

●1台で6つのゲームがカラーで楽しめます。(テニス1人プレー・2人プレー、サッカー1人プレー・2人プレー、スカッシュ1人プレー・2人プレー)

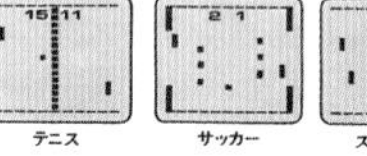

●シンプルなデザインのボディに、ラケットの動きを鋭くコントロールする操作性抜群のフルシンクロ・コントローラーを装備。
●プレー中にボールスピードが自動的に変化しますのでエキサイティングなゲームが楽しめます。
●ユニークな電子音で本物のプレー迫力。

TOMY
株式会社トミー
ビデオ事業部

本社 〒124 東京都葛飾区立石7-9-10 ☎03(693)1031大代表
北海道営業所 〒060 札幌市中央区北3-1-44札幌富士ビル3F ☎011(231)7818(代)
仙台営業所 〒980 仙台市大町1-1-10第2青葉ビル9F ☎0222(62)4925(代)
北関東営業所 〒321-01 栃木県下都賀郡壬生町おもちゃのまち4-1-25 ☎02828(6)2417(代)
横浜営業所 〒220-91 横浜市西区北幸町2-9横浜銀洋ビル2F ☎045(314)5361(代)
北陸営業所 〒920 金沢市片町1-1-34金沢第1生命ビル6F ☎0762(22)2275(代)
名古屋営業所 〒461 名古屋市東区泉2-28-24ヨコタビル2F ☎052(931)0883(代)
大阪営業所 〒542 大阪市南区鰻谷西44フクハラビル3F ☎06(251)4412(代)
広島営業所 〒730 広島市光町2-6広弘ビル3F ☎0822(63)7221(代)
九州営業所 〒812 福岡市博多区博多駅前1-1-33はかた近代ビル2F ☎092(471)7661(代)

●米国マグナボックス社との特許実施権契約済 日本国特許 765,636 768,992 778,416

Printed in Japan 1977

TV FUN601のチラシ

ラケットさばきが自由自在。画期的なジョイスティック・フルコントローラーを装備。

テレビファン・モデル701は、2プレーヤー、カラー8ゲーム。ラケットがコートいっぱい上下、前後に自由自在に動かせるジョイスティック・フルコントローラーを装備しています。電源はACアダプター使用の経済的な家庭用電源方式。ゲーム内容はテニス、サッカー、ホッケー、スカッシュ、の他に、バスケット、グリッドボールなどの日本初登場のゲームを加えた完全8ゲーム、内容もグーンと充実しています。テレビファン・モデル701は、ラケットコントロールシステム、ゲーム内容とも、一歩進んだプロ感覚のモデルです。

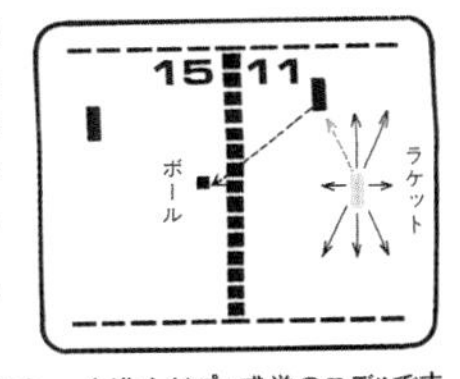

¥16,000

●ACアダプター、切り換えスイッチボックス付
●6ヵ月完全保証アフターサービス付

モデル701の特長

●画期的なジョイスティック・フルコントローラーを装備。レバーひとつでラケットは、コートいっぱい、あらゆる方向に動きます。ボールをカットすることはもちろん、前進しての強力アタック、後退しての正確ブロック、斜め移動、上下変化など、ラケットさばきは自由自在、ボールの動きは無限です。

●日本初登場のバスケット、グリッドボールなど8つのゲームがカラーで楽しめます。

バスケット　シングルバスケット　グリッドボール　ホッケー
テニス　サッカー　スカッシュ　シングルスカッシュ

●ゲームによって変るリアルなサーブシステムを装備。ホッケー、サッカーはセンターライン、テニスはバックラインから、サーブを開始します。

●ボールスピードモード切り換えスイッチで、ボールスピードが一定、自動的にスピードアップの2段階が各ゲームとも選べます。

●ラケットサイズ左右独立2段切り換えのハンディキャップ装置付。

●本体のデザインは、メカニカルで精かんなブラックフェイス。

●パワーはお部屋のコンセントからとる、経済的なACアダプター使用の家庭用電源方式。

●ユニークな電子音で本物のプレー迫力。

TOMY 株式会社トミー ビデオ事業部

本社 〒124 東京都葛飾区立石7-9-10 ☎03(693)1031大代表
北海道営業所 〒060 札幌市中央区北3-1-44札幌富士ビル3F ☎011(231)7818(代)
仙台営業所 〒980 仙台市大町1-1-10第2青葉ビル9F ☎0222(62)4925(代)
北関東営業所 〒321-02 栃木県下都賀郡壬生町おもちゃのまち4-1-25 ☎02828(6)2417(代)
横浜営業所 〒220-91 横浜市西区北幸町2-9横浜盟洋ビル2F ☎045(314)5361(代)
北陸営業所 〒920 金沢市片町1-1-34金沢第1生命ビル6F ☎0762(22)2275(代)
名古屋営業所 〒461 名古屋市東区東桜2-28-24ヨコタビル2F ☎052(931)0683(代)
大阪営業所 〒542 大阪市南区善導寺町44フクハラビル3F ☎06(251)4412(代)
広島営業所 〒730 広島市光町2-6広弘ビル3F ☎0822(63)7221(代)
九州営業所 〒812 福岡市博多区博多駅東1-1-33はかた近代ビル2F ☎092(471)7661(代)

●米国マグナボックス社との特許実施権契約済、日本国特許 765,636 768,992 778,416

Printed in Japan 1977

TV FUN701のチラシ

TV JACK
1000/1200/1500/2500/3000

ON
HIGH
ROBOT
RESET
POWER
SOUND
PARTNER
GAME
AMA.
ROBOT SKILL
PRO.
OFF
LOW
HUMAN
SET
RACE 1
GAME SELECT
JACK 3000
BANDAI
スカッシュ
テニス
アイスホッケー
スカッシュ
プラクティス
サッカー
バスケットボール
グリッドボール
バスケットボール
プラクティス
左ラケットサイズ
右ラケットサイズ
ON
OFF
パワー
ボールスピード
リセットボタン
VIDEO MATE
JACK 1000
ラケット
サイズ
リセット
CONTROLLER

TV JACK 1000

●発売時期：1977年　●メーカー：バンダイ
●当時の価格：9,800円

トミーの「TV FUN」シリーズと同時期に発売されたバンダイ初の家庭用ゲーム機。ボールゲーム4種類を内蔵し、難易度の設定が可能。タレントのタモリを起用した広告などで、積極的に宣伝された。初期型は本体カラーがブラックで、ACアダプターが付属していない。

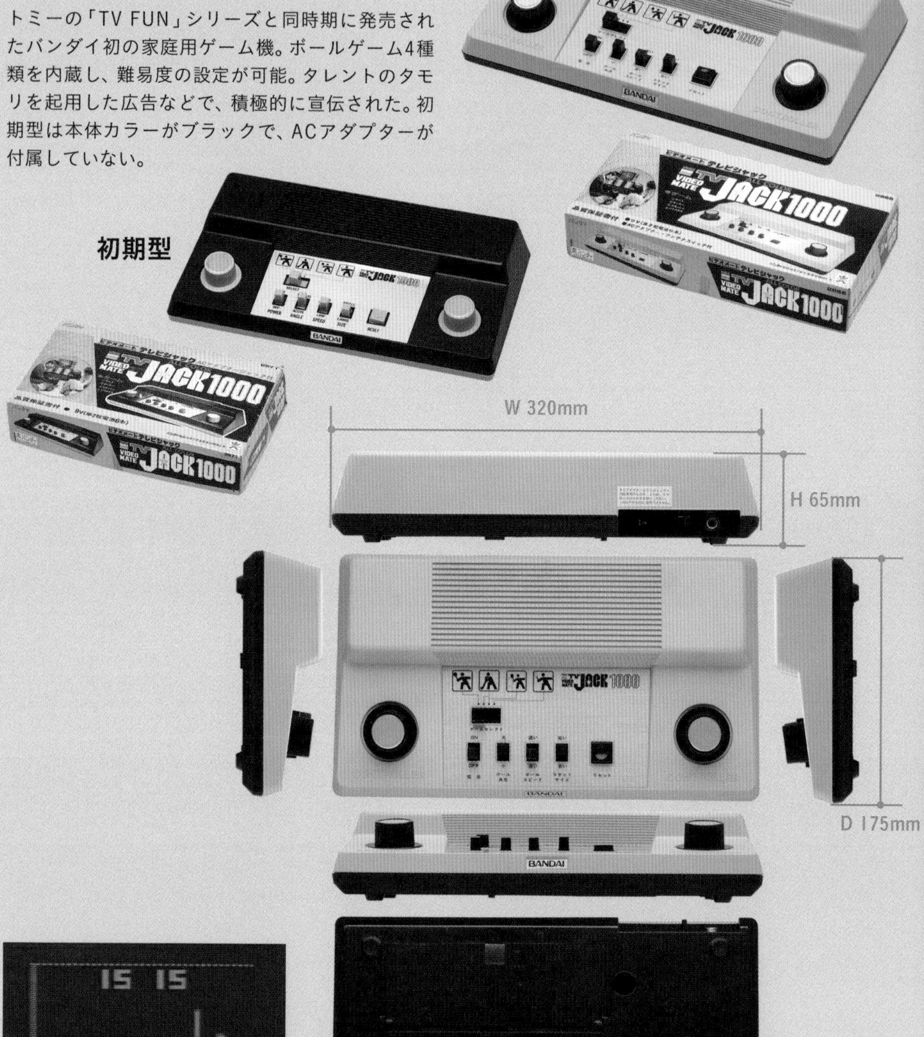

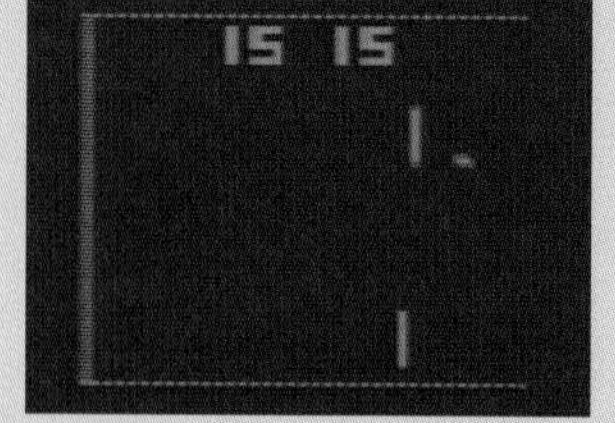

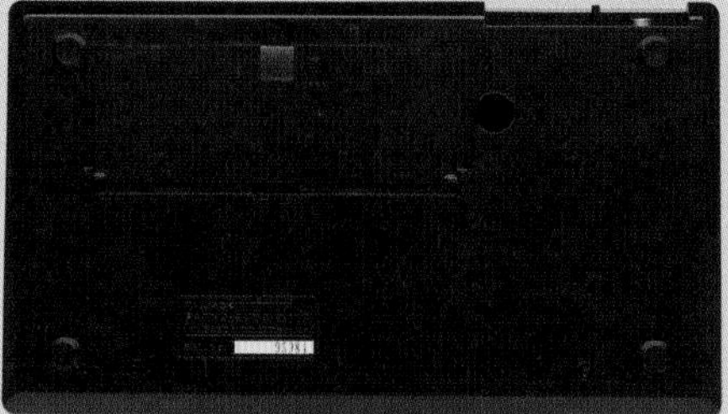

TV JACK1200

●発売時期：1977年　●メーカー：バンダイ
●当時の価格：12,800円

「TV JACK1000」のアレンジ版。7種類のスイッチを切り替えることで、様々なパターンのボールゲームが遊べる。外付けのセパレート式コントローラー2個を使うと、4人同時プレイも可能。「TV JACK1000」の初期型になかったACアダプターが同梱されている。

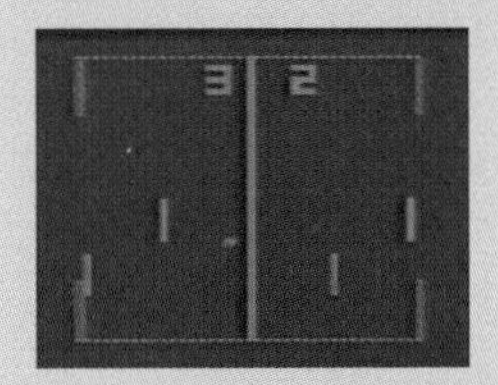

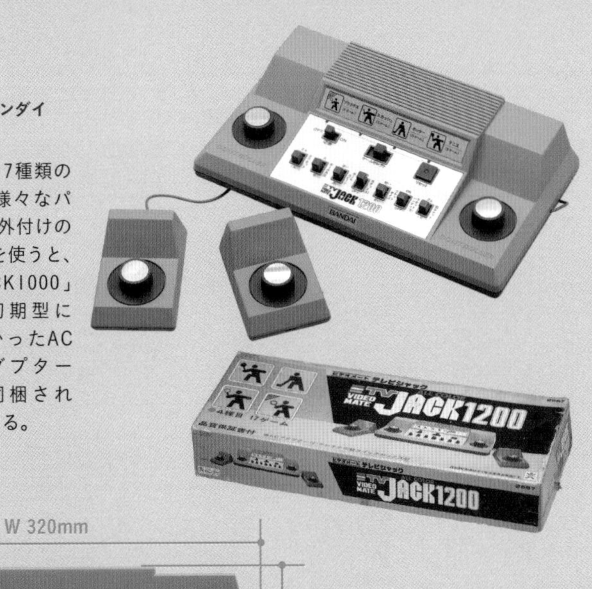

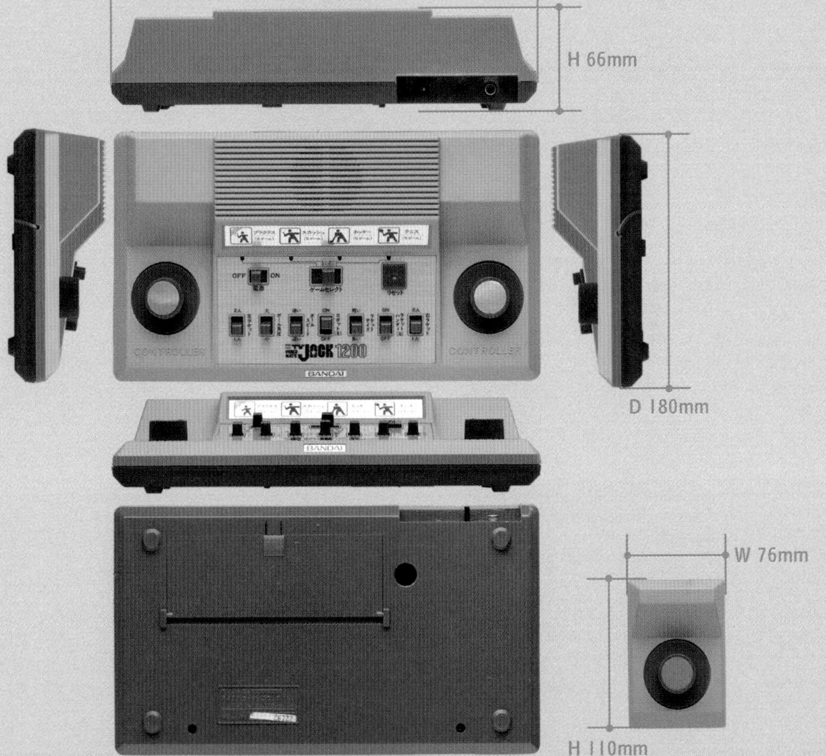

TV JACK1500

●発売時期：1977年　●メーカー：バンダイ
●当時の価格：16,000円

「TV JACK1000」の上位モデル。セパレート式コントローラーにはアナログレバーが採用され、ラケットを自在に操ることが可能。これまでのボールゲーム以外にも、バスケットボールとグリッドボールが追加され、全8種類のゲームが楽しめる。

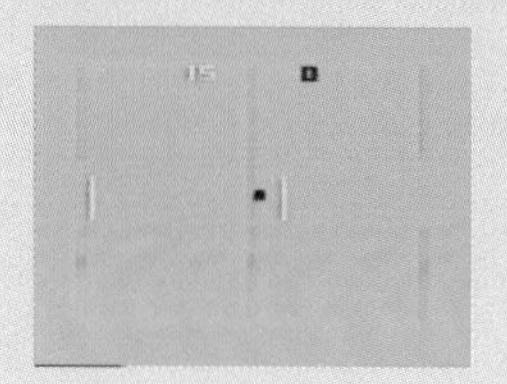

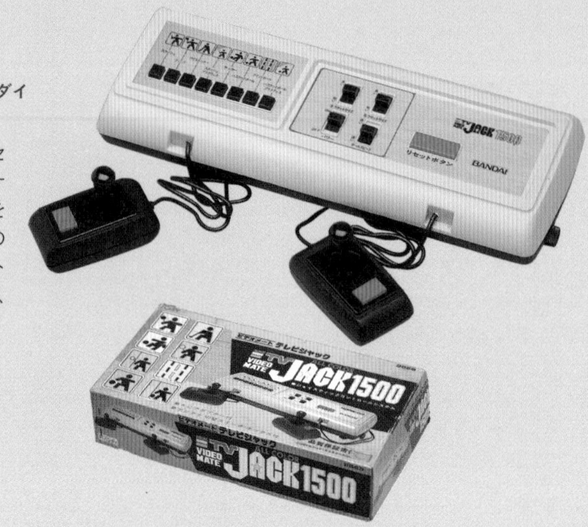

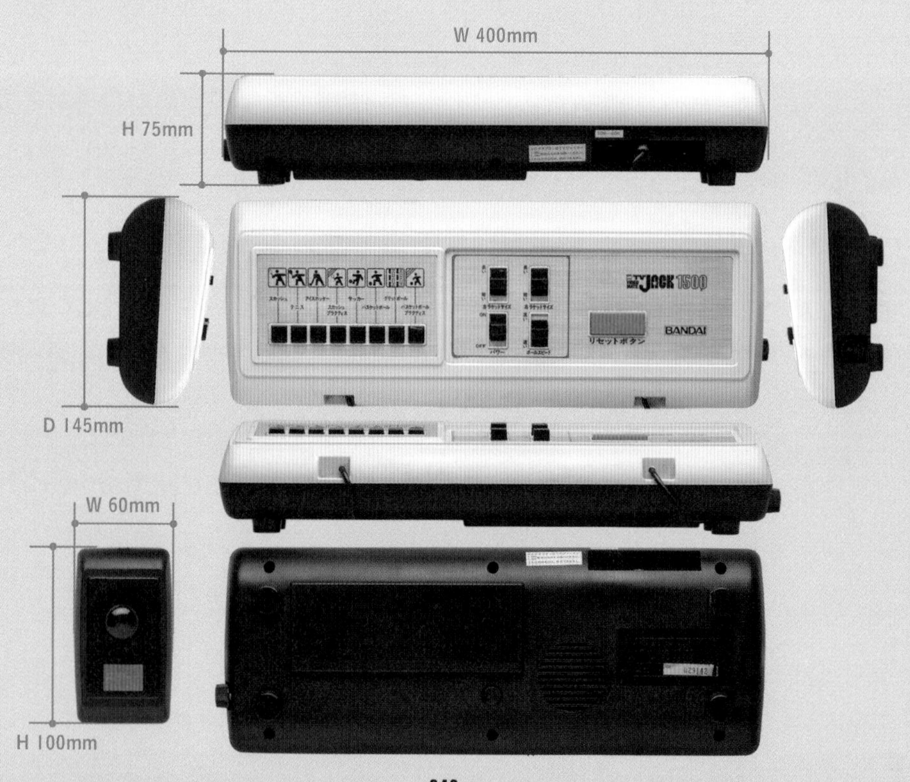

TV JACK2500

● 1977年　● メーカー：バンダイ
● 当時の価格：29,000円

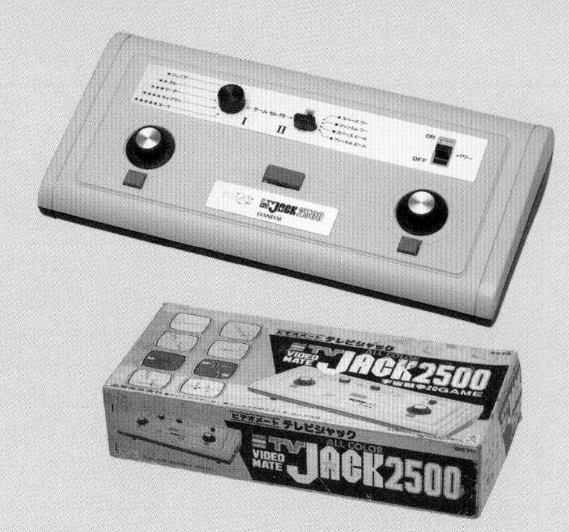

宇宙船をミサイルで狙い撃つシューティングゲーム機。相手の攻撃を避けて姿を消したり、バリアを張ったりなど、5つのゲームパターンを4つの難易度で楽しめる。2人対戦専用機で、ボールゲーム全盛期だった当時としては珍しい内容だった。

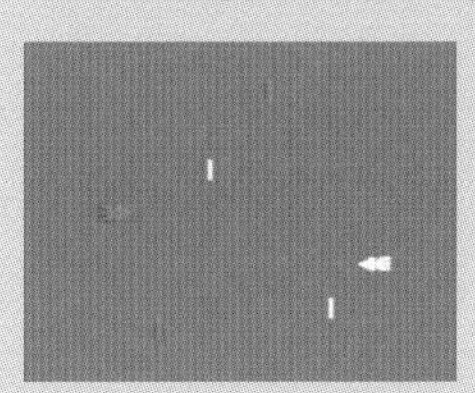

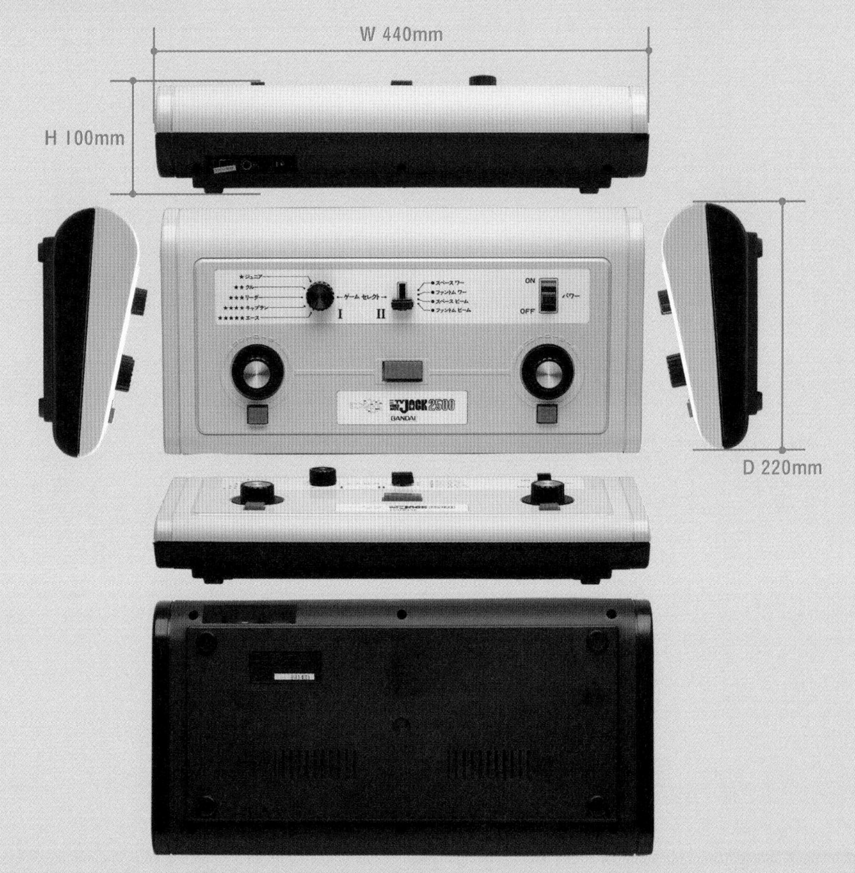

TV JACK3000

●発売時期：1977年　●メーカー：バンダイ
●当時の価格：38,000円

シリーズ最上位モデル。当時の子供たちにとって高嶺の華だったレースゲームを内蔵し、ボールゲーム8種類も遊べる。本体後部にはセパレート式のコントローラーが搭載され、4人同時プレイも可能。横幅50cmもある大型機で、高級感に溢れていた。

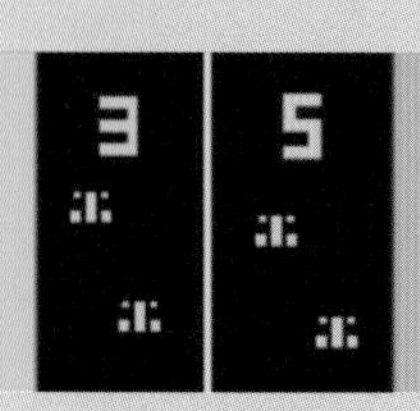

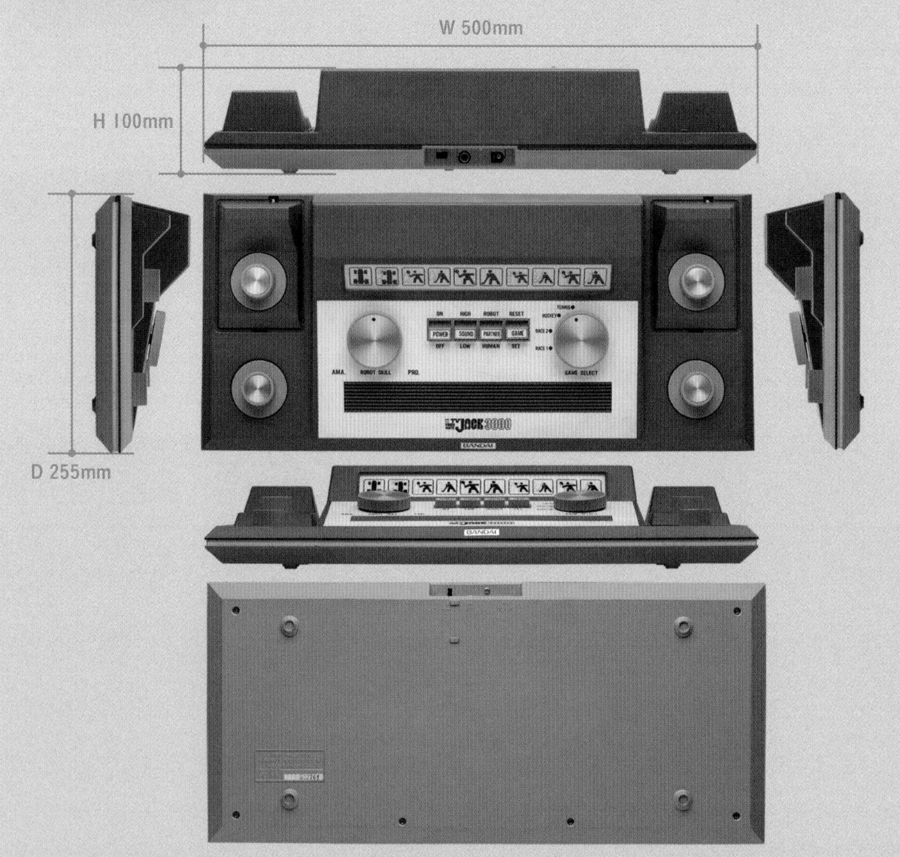

TV JACKの広告（読売新聞 1977年11月4日）

VIDEO ATTACK7

VIDEO ATTACK7

- 発売時期：1977年
- メーカー：キヨ貿易／正和
- 当時の価格：12,000円

モノクロ画面のボールゲーム5種類と射撃ゲーム2種類を内蔵し、難易度の切り替えスイッチを搭載。別売りの光線銃ライフルにも対応。「VIDEO ATTACK」や「COLOR VIDEO ATTACK」など本体には様々なバリエーションがある。

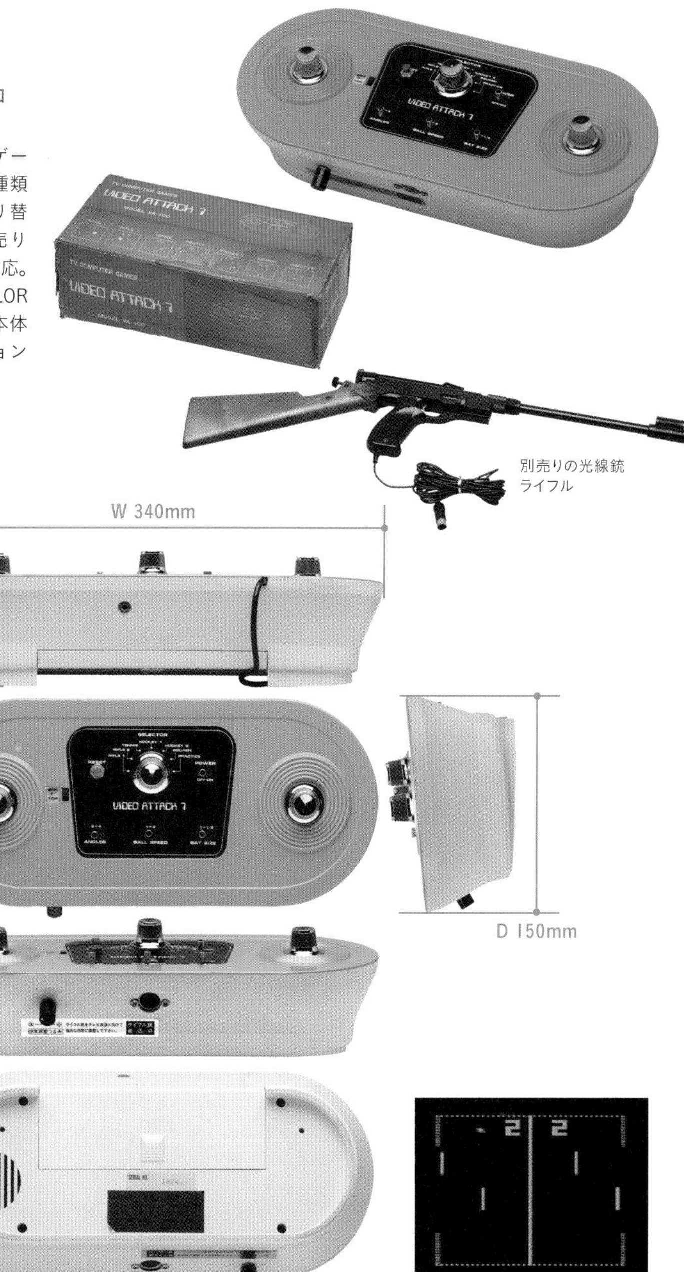

別売りの光線銃ライフル

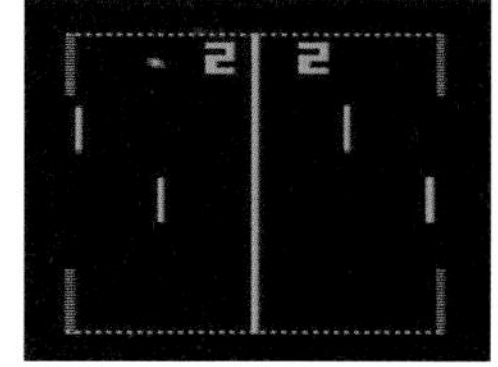

HITACHI VIDEO GAME
VG-104
VIDEO GAME
スタート
押す
ゲーム
トレーニング
スカッシュ
テニス
ホッケー
角度
速さ
大きさ
HITACHI
VG-104

日立ビデオゲーム VG-104

- 発売時期：1977年
- メーカー：日立製作所
- 当時の価格：24,800円

家電メーカーらしいメタリックなカラーリングにズッシリと重いボディの日立の家庭用ゲーム機。モノクロ画面のボールゲーム4種類を内蔵し、難易度の設定も可能。製造はエポック社が担当。ACアダプターには対応せず、単二電池6本で可動する。

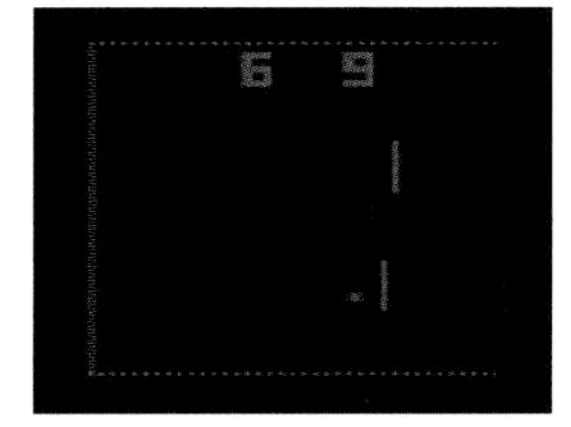

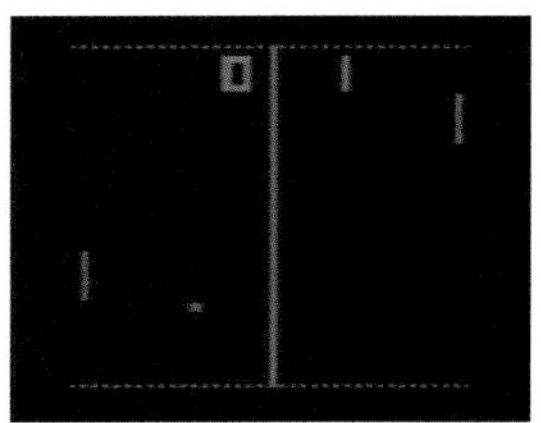

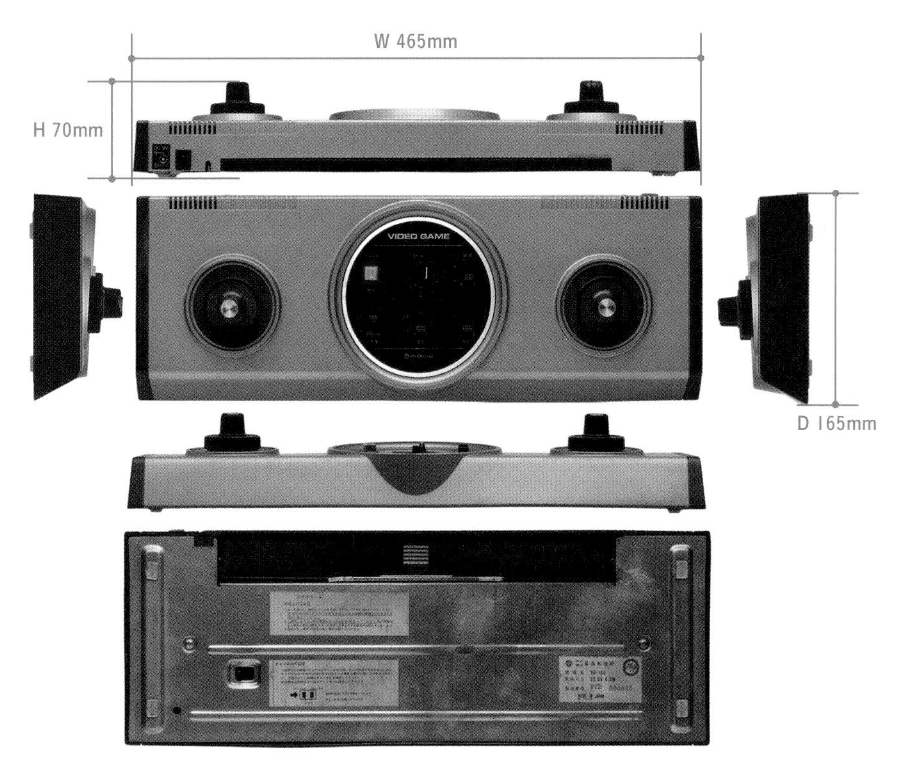

National TV GAME
TY-TG40

National テレビゲーム TY-TG40

● 発売時期：1977年　● メーカー：松下電器
● 当時の価格：24,800円

米国のテレビゲームブームを見た松下電器が、家電メーカーの先陣を切って発売したマシン。モノクロ画面のボールゲーム4種類を内蔵。コントローラーは、当時主流だったパドルでなく、レバータイプを採用。カラー画面搭載の低価格マシンの登場で、早期に撤退したという。

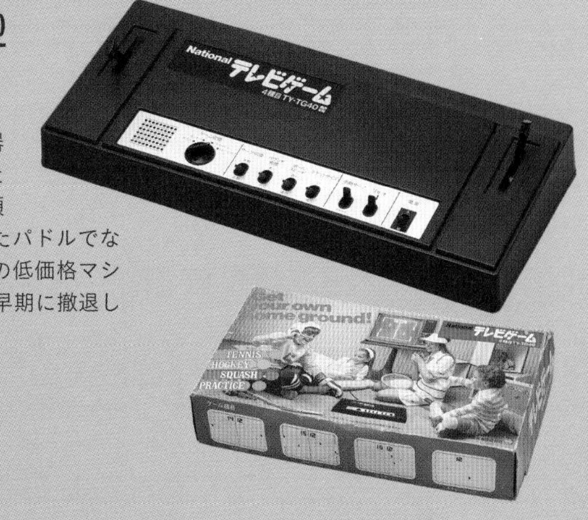

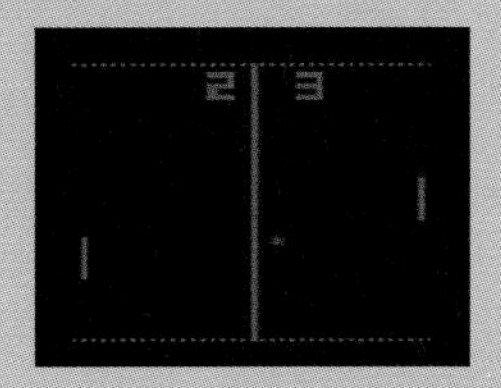

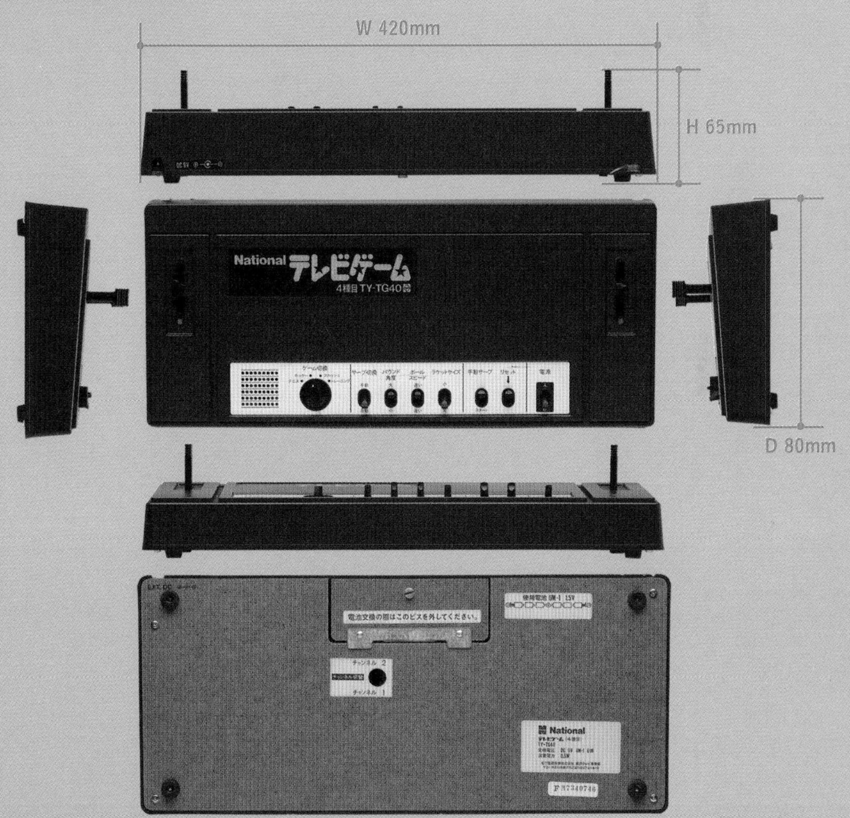

TOSHIBA VIDEO GAME TVG-610

東芝ビデオゲーム TVG-610

- 発売時期：1978年　● メーカー：東芝
- 当時の価格：9,800円

モノクロ画面のボールゲームと射撃ゲームを内蔵した東芝のマシン。ファミリー向けということで本体には4つのパドルが搭載され、4人同時プレイが可能。エポック社の「システム10」と同じ性能を持ち、同社が製造を請け負っていた。光線銃（別売り）とのセット販売もあった。

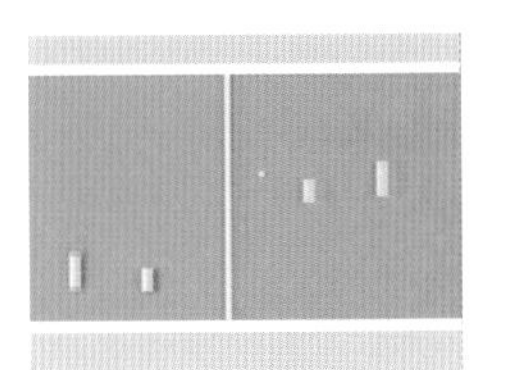

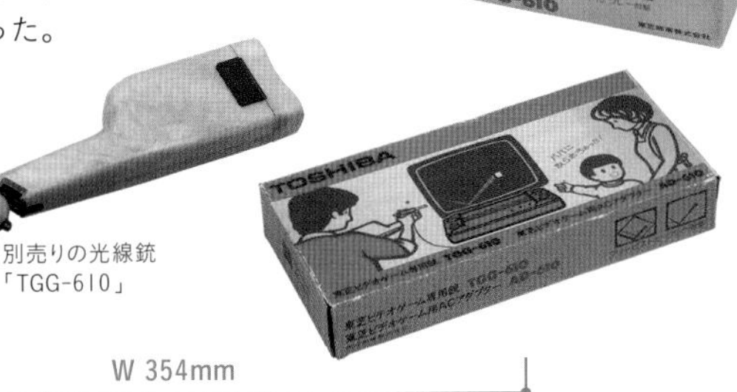

別売りの光線銃
「TGG-610」

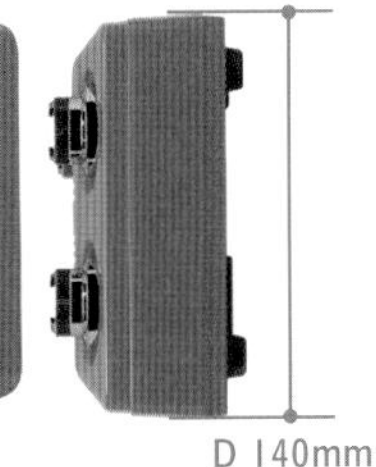

W 354mm

H 70mm

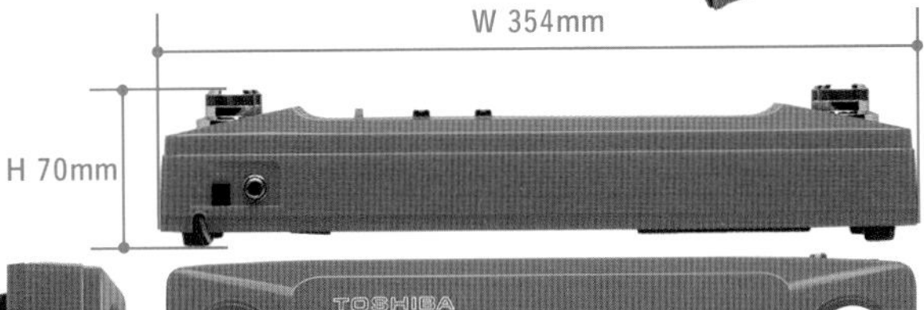

D 140mm

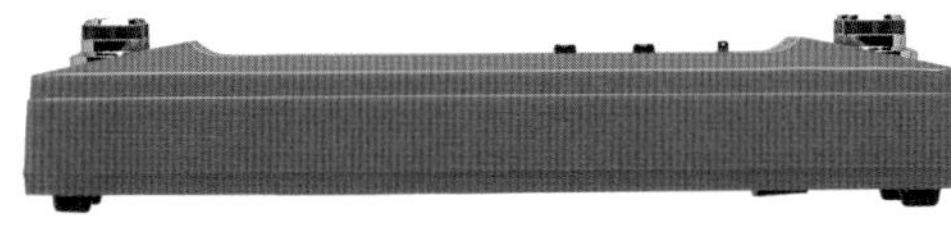

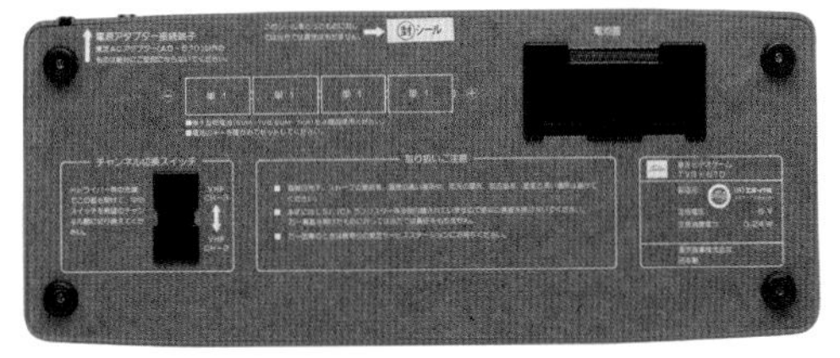

COLOR TV GAME CT-7600C

COLOR TV GAME CT-7600C

●発売時期：1977年　●メーカー：関東電子
●当時の価格：15,000円

秋葉原や通販などで販売された自作キットのマシン。ゲーム専用のLSIや収納ケースなどがパーツ単位で売られ、雑誌「初歩のラジオ」「トランジスタ技術」にて作り方などが度々掲載されていた。様々なバリエーションが登場し、電子工作好きの間で密かに話題となった。

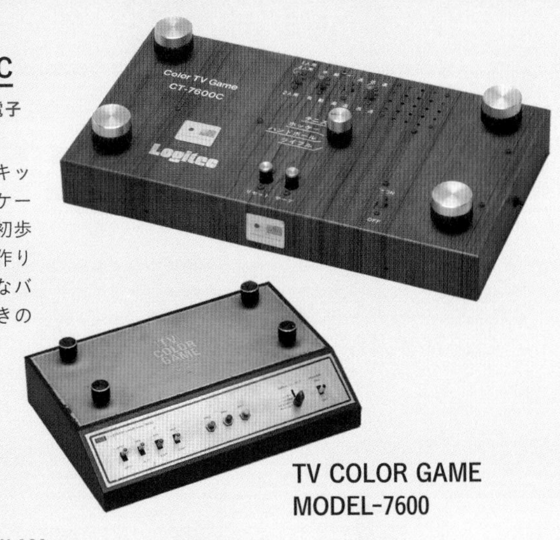

TV COLOR GAME
MODEL-7600

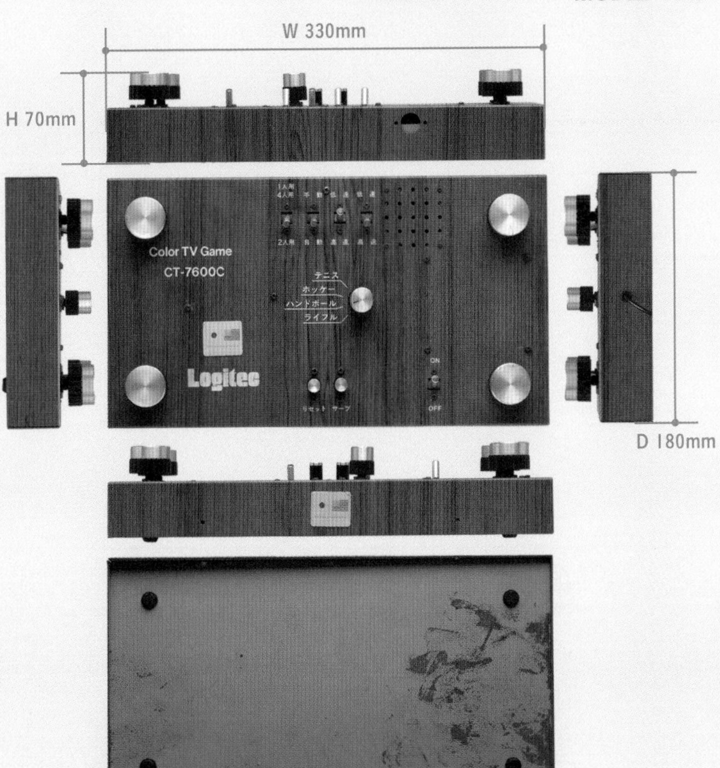

Bellcon

FULL COLOR NTSC SYSTEM TV GAMES
Bellcon
POWER
ON
OFF
GAME
ON
OFF
PRACTICE
RESET

ベルコン

● 発売時期：1977年　● メーカー：ツクダオリジナル
● 当時の価格：29,800円

「ルービックキューブ」などでお馴染みのツクダオリジナルが販売したボールゲーム専用機。玩具メーカーとは思えないほど重厚感があり、世界初のカラー画面が採用されたといわれている。付属のセパレート式コントローラー2個をつなげると、4人対戦プレイも可能。

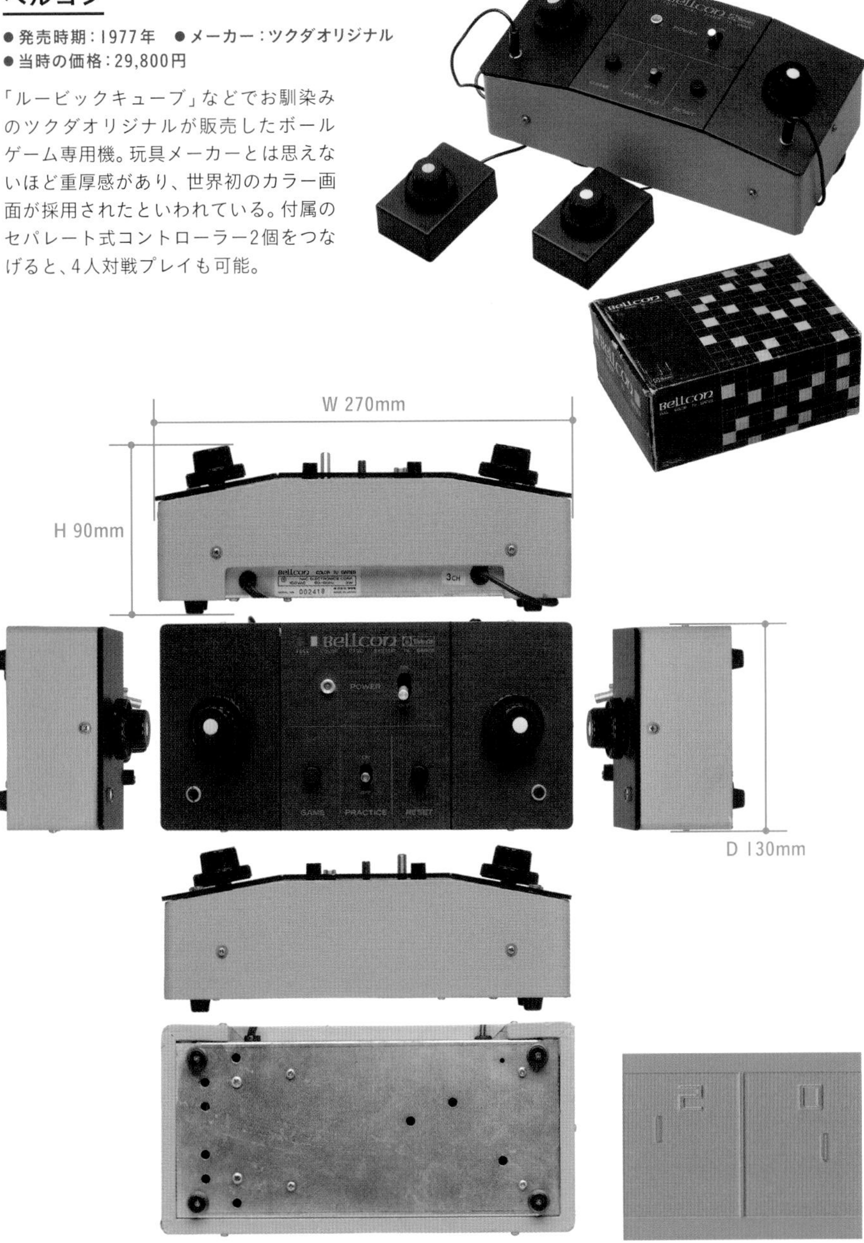

COLOR TV GAME6/
COLOR TV GAME15

COLOR
TV-GAME15
テニス A
ホッケー B
バレー A
バレー B
ピンポン
射撃ゲーム
ダブルス
シングルス
高速
低速
ボールスピード
小
大
右
左
ラケットサイズ
入
切
電源
リセット
発射ボタン
(射撃ゲーム用)
CONTROLLER

カラーテレビゲーム6

- 発売時期：1977年　● メーカー：任天堂
- 当時の価格：9,800円

「カラーテレビゲーム15」の廉価版。カラー画面のボールゲーム6種類を内蔵し、1万円以下の低価格でテレビゲームブームに火をつけた。構造的には「15」の基板から9つのゲームを省いたものだが、より高い「15」が人気だった。初期型から操作系などが改善され、ACアダプターにも対応。

初期型

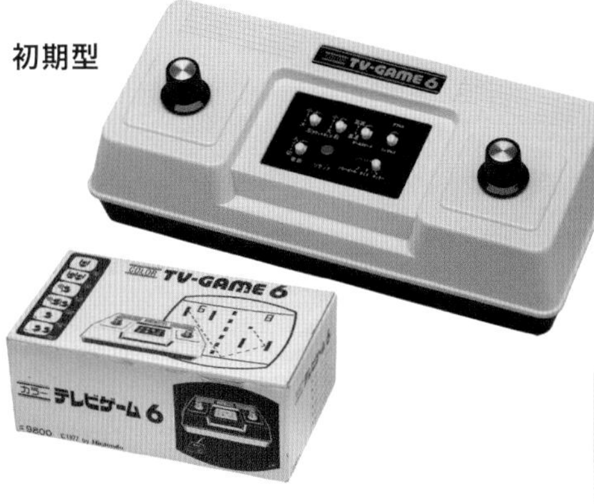

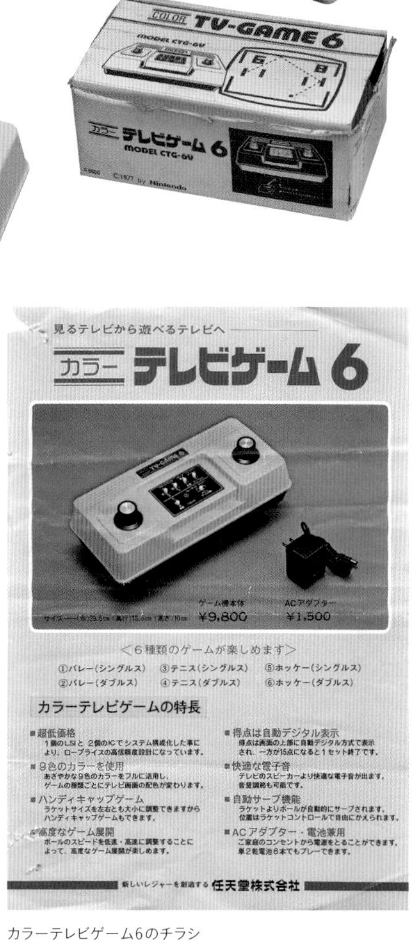

カラーテレビゲーム6のチラシ

シャープ製「XG-106」

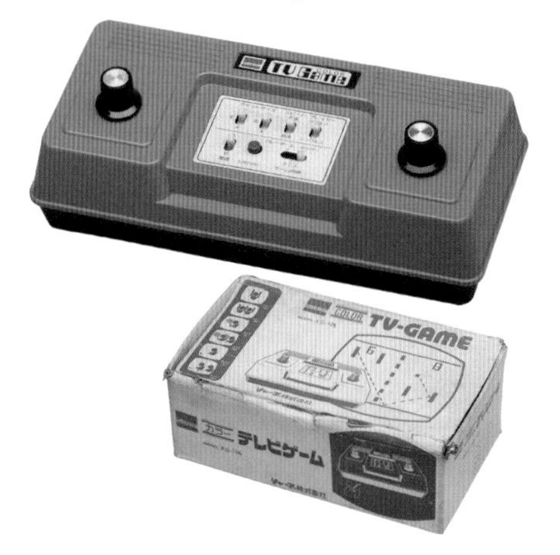

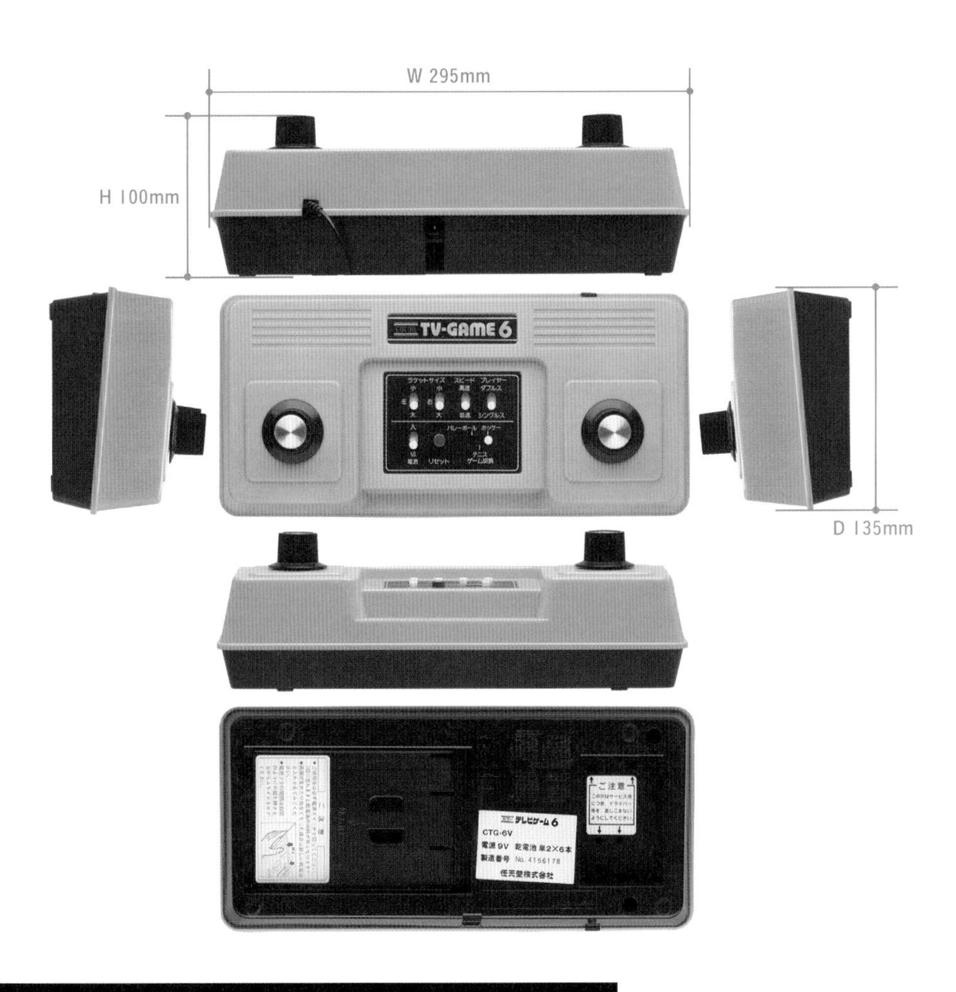
W 295mm
H 100mm
D 135mm
TV-GAME 6
ラケットサイズ
小
大
左
右
スピード
高速
低速
プレイヤー
ダブルス
シングルス
入
切
電源
リセット
バレーボール
ホッケー
テニス
ゲーム切換
テレビゲーム6
CTG-6V
電源 9V 乾電池 単2×6本
製造番号 No. 4156178
任天堂株式会社

TV-GAME 6

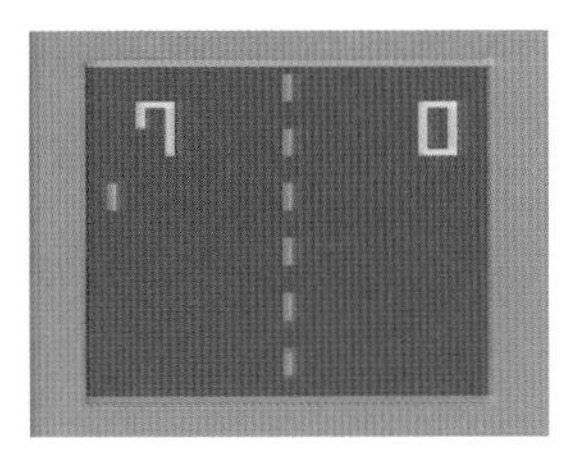

カラーテレビゲーム15

● 発売時期：1977年　● メーカー：任天堂
● 当時の価格：15,000円

「カラーテレビゲーム6」と同時発売された任天堂初の家庭用ゲーム機。15種類のボールゲーム（射撃含む）を内蔵し、セパレート式コントローラーを採用。一体型マシンの中では最も売れ、同社が玩具で培ったノウハウが存分にいかされている。「6」と合わせて100万台以上を販売。

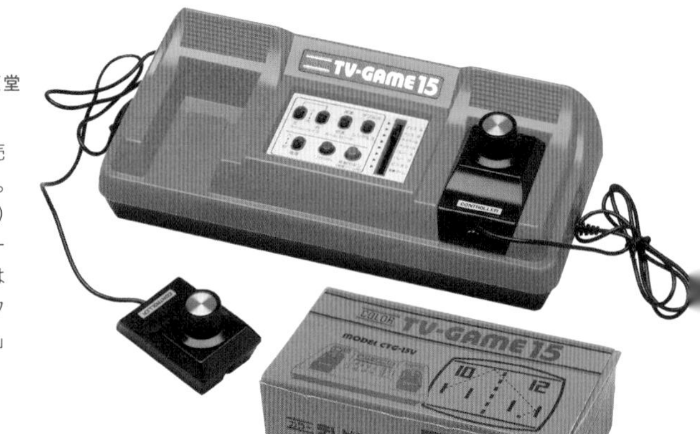

初期型

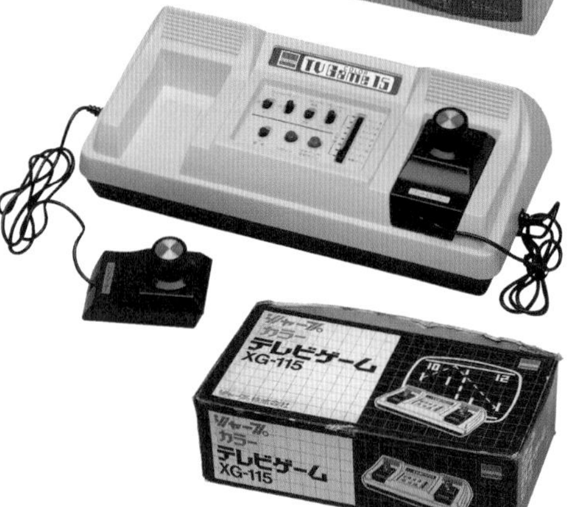

シャープ製「XG-115」

カラーテレビゲーム15のパンフレット

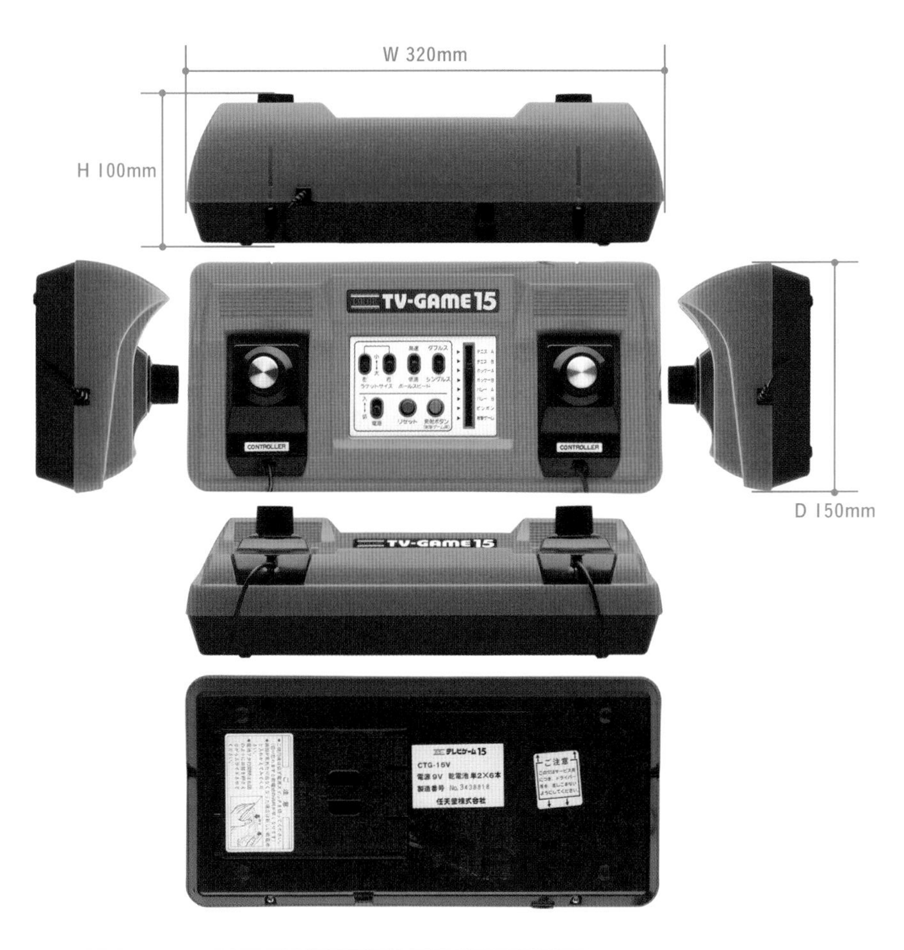
W 320mm
H 100mm
D 150mm
TV-GAME15
CONTROLLER
CONTROLLER
TV-GAME15

CONTROLLER
TV-GAME15
リセット
CONTROLLER

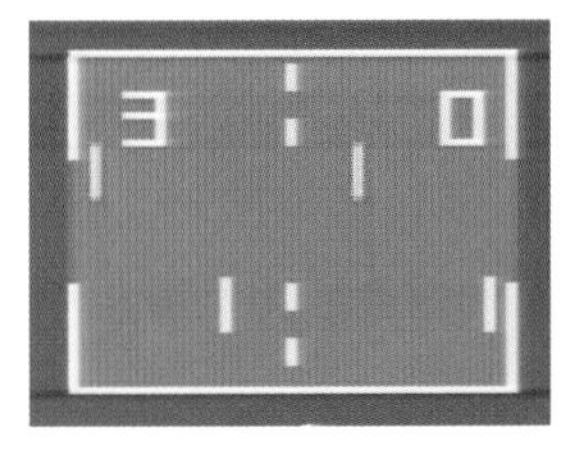

SYSTEM 10

システム10

- 発売時期：1977年
- メーカー：エポック社
- 当時の価格：9,800円

ボールゲームや射撃ゲームなど10種類のゲームを内蔵。さらにスマッシュボールやジグザグボールなど細かな動きが設定できる10種のシステムも搭載。本体には4つのパドルが搭載され、4人同時プレイとラケットの4方向移動が可能。光線銃とのセットや廉価版「M2」もある。

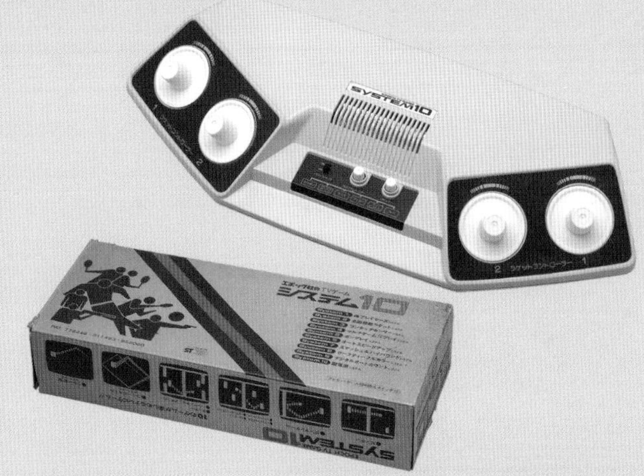

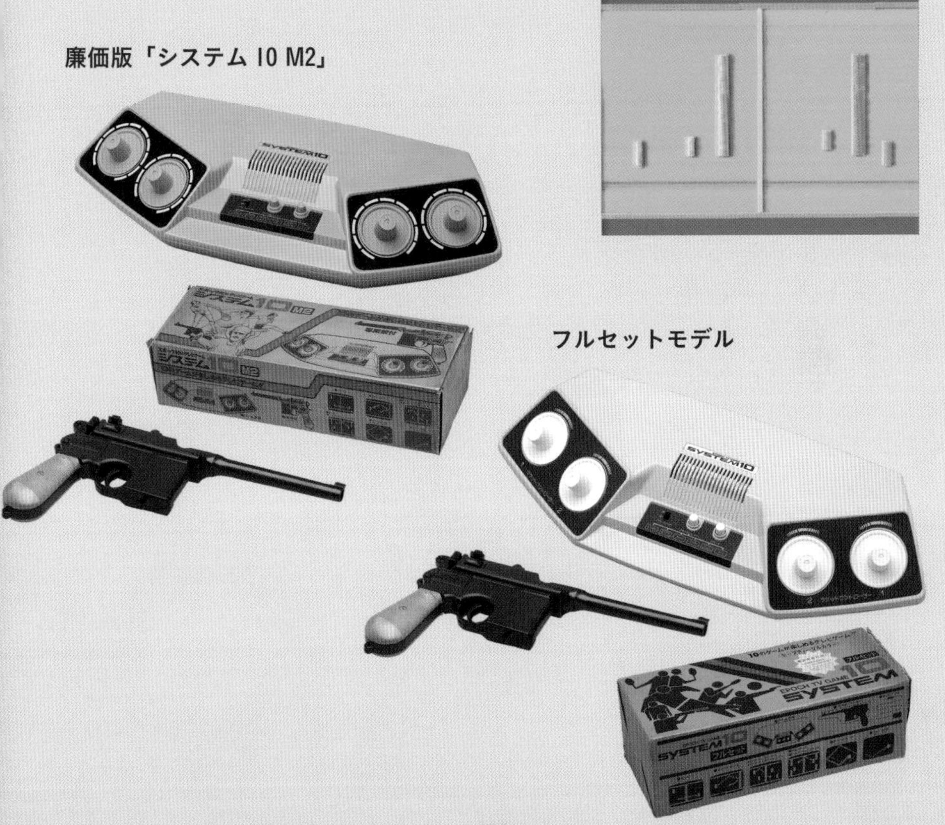

廉価版「システム10 M2」

フルセットモデル

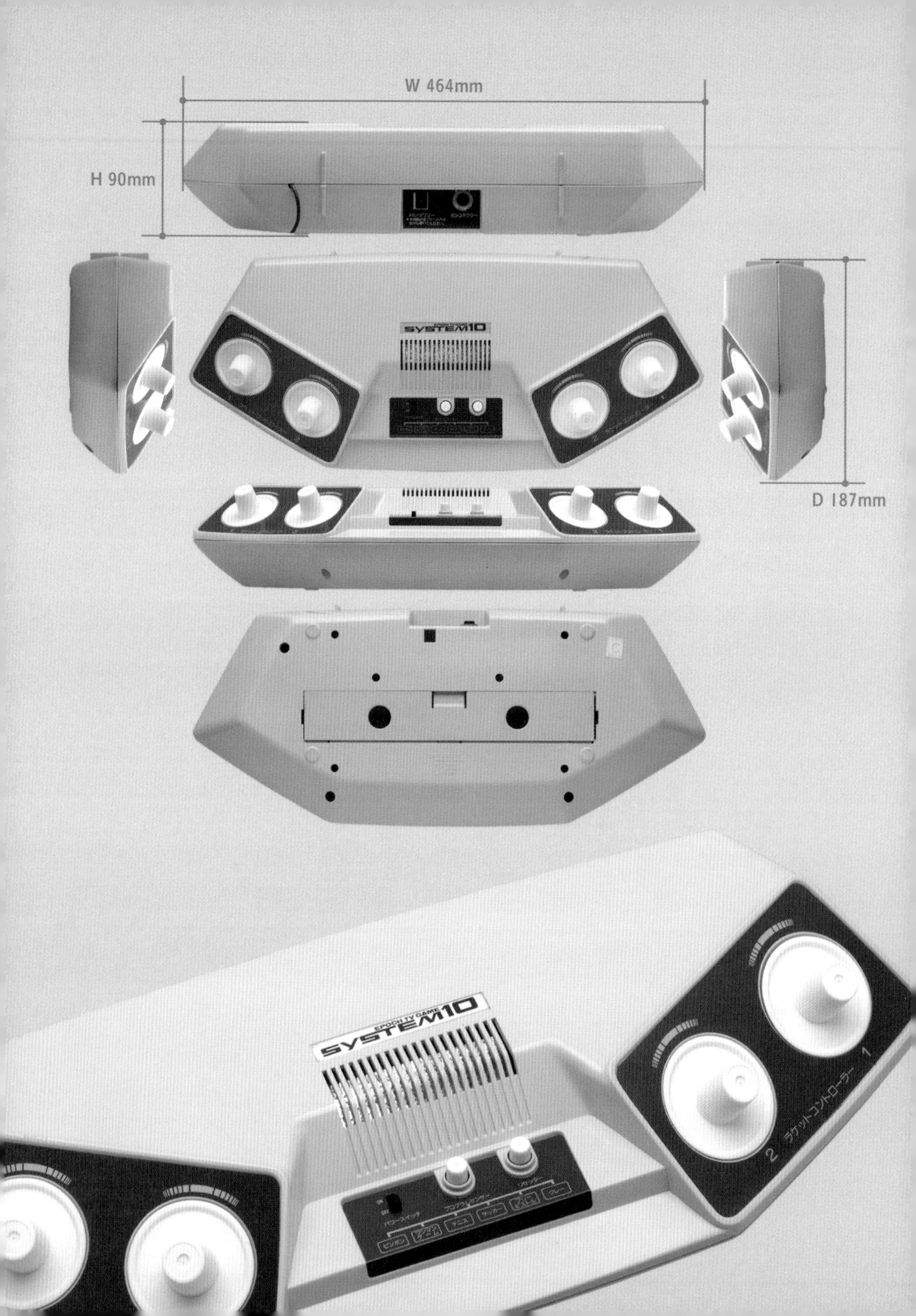

W 464mm
H 90mm
D 187mm
EPOCH TV GAME
SYSTEM 10
ラケットコントローラー 1
2

SPORTSTRON

TV-GAME
SPORTSTRON
ゲームセレクト
サッカー
テニス
Drink
Coca-Cola
TRADE MARK REG.

スポーツトロン

- 発売時期：1977年
- メーカー：コカ・コーラ・ボトリング
- 当時の価格：懸賞品（7,500円）

コカ・コーラのキャンペーン品。当時ポピュラーだったボールゲーム専用機だが、赤いカラーリングや王冠のパドルなど、コカ・コーラのオリジナル仕様になっている。同社の王冠10個を集めて応募できたほか、現金7,500円で購入することもできた。総数は25,000台程度だったという。

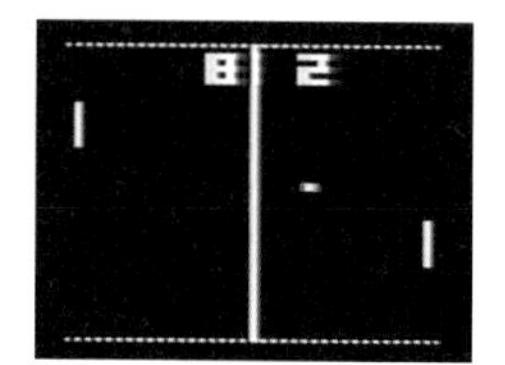

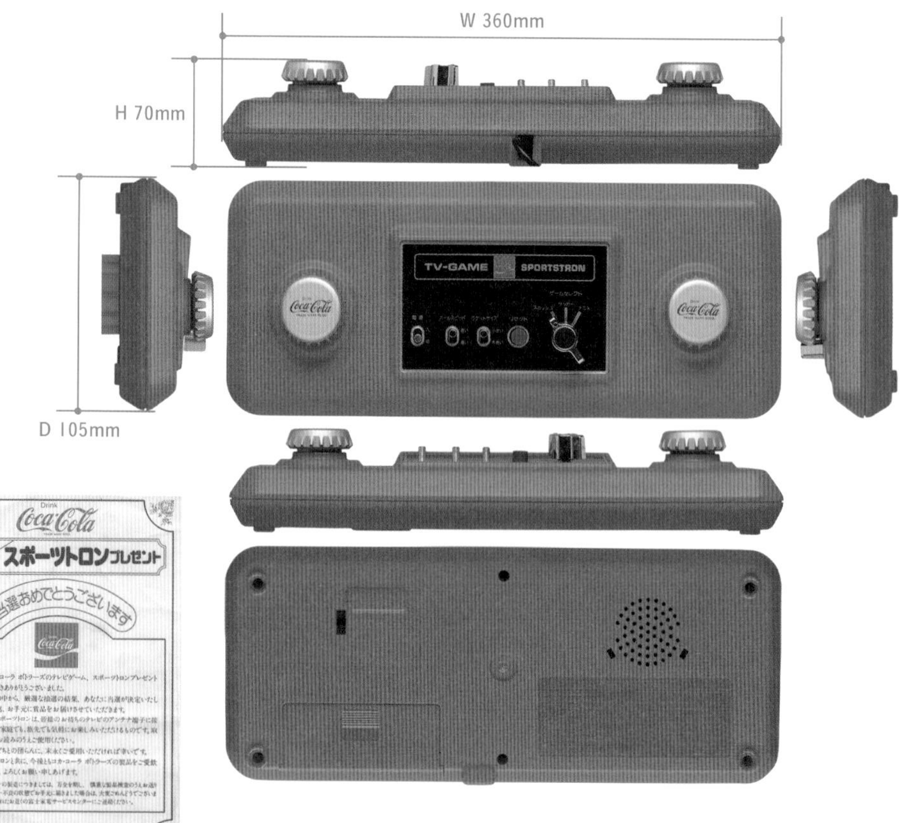

Drink Coca-Cola

テレビゲーム スポーツトロンプレゼント

ご当選おめでとうございます

たびはコカ・コーラ ボトラーズのテレビゲーム、スポーツトロンプレゼント
応募いただきありがとうございました。
数のご応募の中から、厳選な抽選の結果、あなたに当選が決定いたし
たので、早速、お手元に賞品をお届けさせていただきます。
ビゲーム、スポーツトロンは、皆様のお持ちのテレビのアンテナ端子に接
るだけで、ご家庭でも、旅先でも気軽にお楽しみいただけるものです。取
説明書をよくお読みのうえご使用ください。
庭やお友だちとの団らんに、末永くご愛用いただければ幸いです。
、スポーツトロンと共に、今後ともコカ・コーラ ボトラーズの製品をご愛飲
だきますよう、よろしくお願い申しあげます。
スポーツトロンの製造につきましては、万全を期し、慎重な製品検査のうえお送り
ましたが、万一不良の状態でお手元に届きました場合は、大変ごめんどうでございま
別紙に記載されたお近くの富士家電サービスセンターにご連絡ください。

コカ・コーラ ボトラーズ

スポーツトロンの当選通知

Video Family G-5500

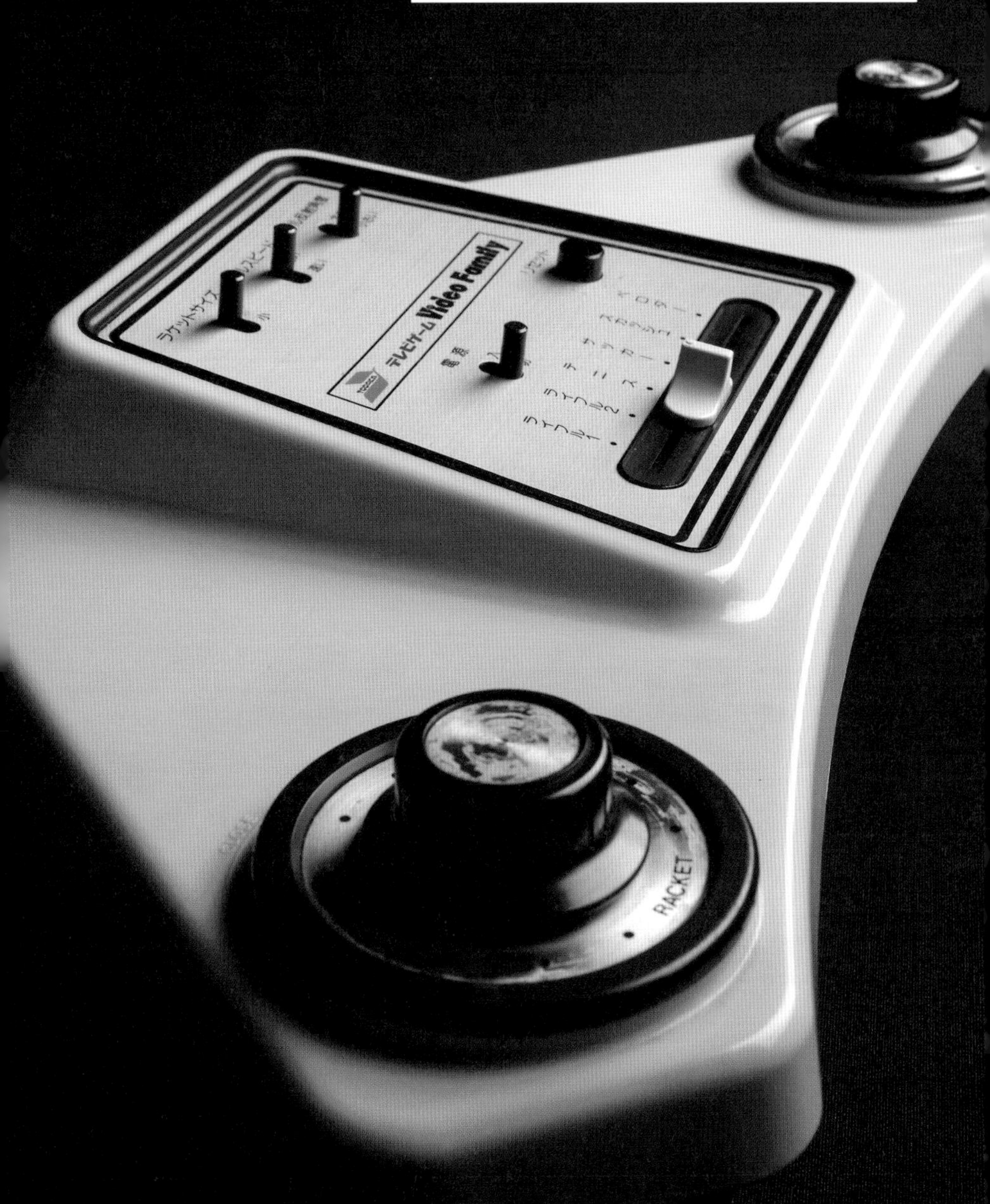

Video Family G-5500

● 発売時期：1977年　● メーカー：とだか
● 当時の価格：不明

他には見られない六角形のユニークなボディが特徴のボールゲーム専用機。ボールゲーム4種類と射撃ゲーム2種類を内蔵し、セパレート式のコントローラーや別売り光線銃でプレイする。ラケットサイズやボールのスピード調整スイッチなども搭載。

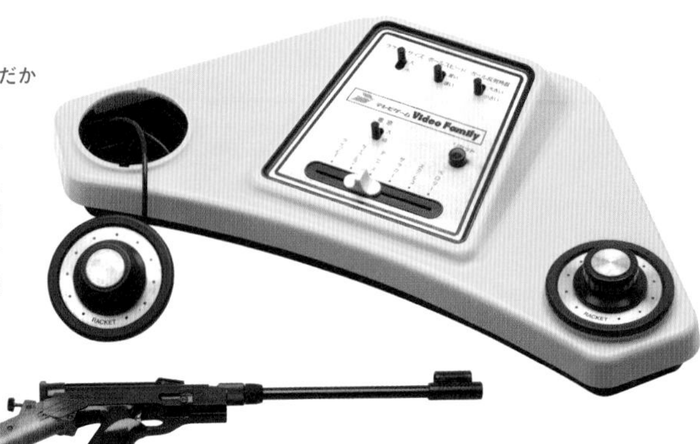

別売りの光線銃「ライフル銃」

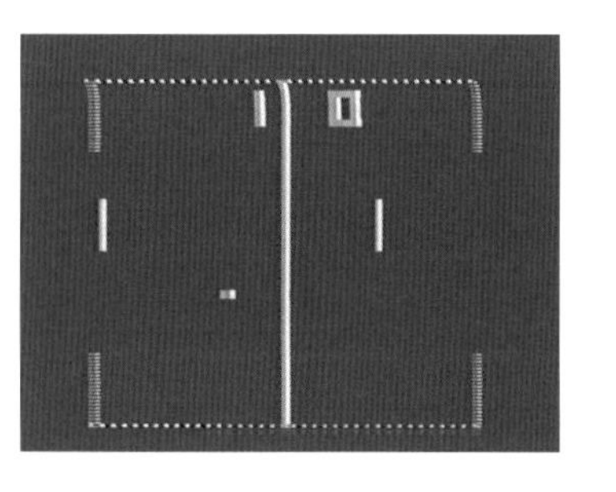

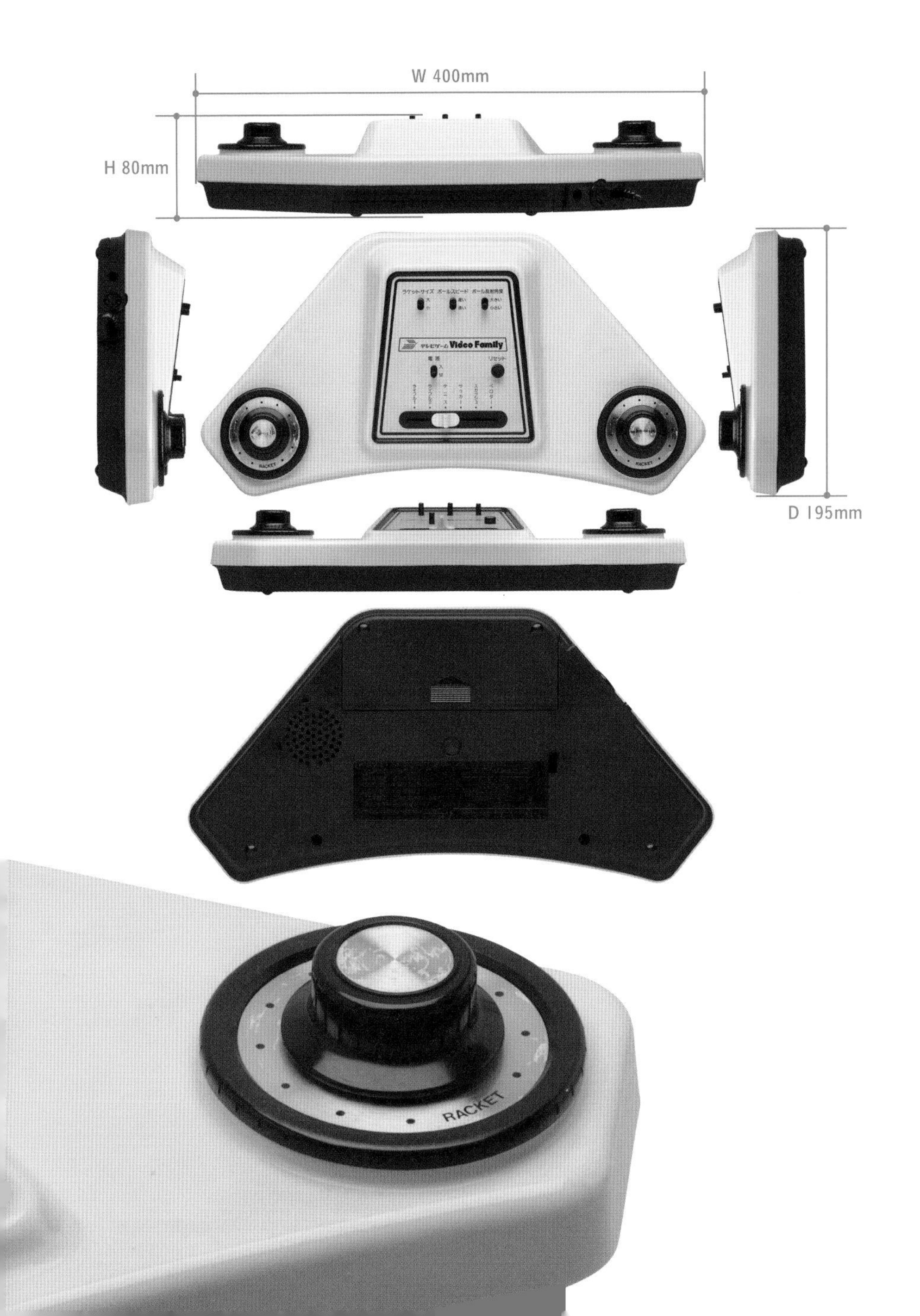
W 400mm
H 80mm
D 195mm
ラケットサイズ
ボールスピード
テレビゲーム Video Family
電源
リセット
RACKET

WACO VIDEO

ホッケー
ピンポン
ボール反射角
一定
変化
ボールスピード
任意
高速
ラケットサイズ
大
小
電源
切
入
手動サーブ
リセット
WACO VIDEO

ワコービデオ

● 発売時期：1977年　● メーカー：ワグナー商会
● 当時の価格：18,000円

ATARIの家庭用ゲーム機「PONG」のような形状のボールゲーム専用機。この頃ポピュラーだった4種類のボールゲームと速球やラケットサイズ、球の反射角などを調整できる機能が搭載されている。ACアダプターには対応せず、単一乾電池6本で可動。

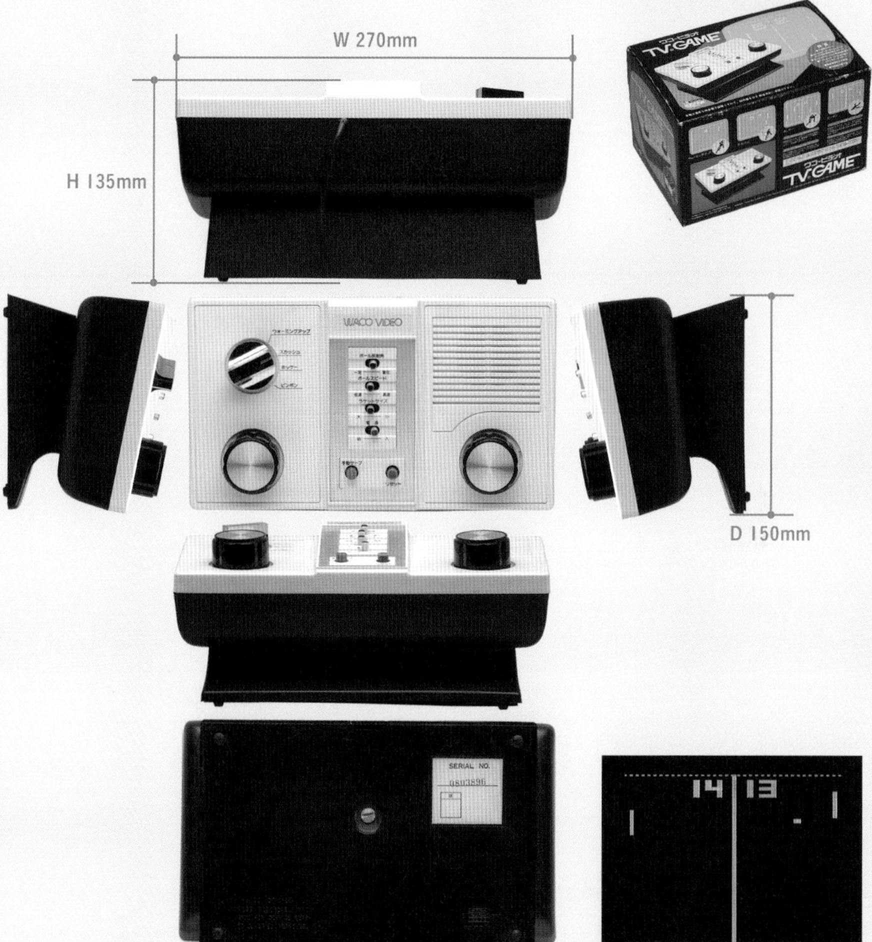

VIDEO PINBALL

ビデオピンボール

- 発売時期：1978年　●メーカー：東洋物産／ATARI
- 当時の価格：38,700円

かのカリスマ経営者、アップル創業者のスティーブ・ジョブズも開発に携わった「BREAKOUT」の家庭版。ブロック崩しやピンボールなど7種類のゲームを内蔵。放物線を描きながら落ちるボールの動きが滑らかだった。国内では東洋物産が輸入販売した。

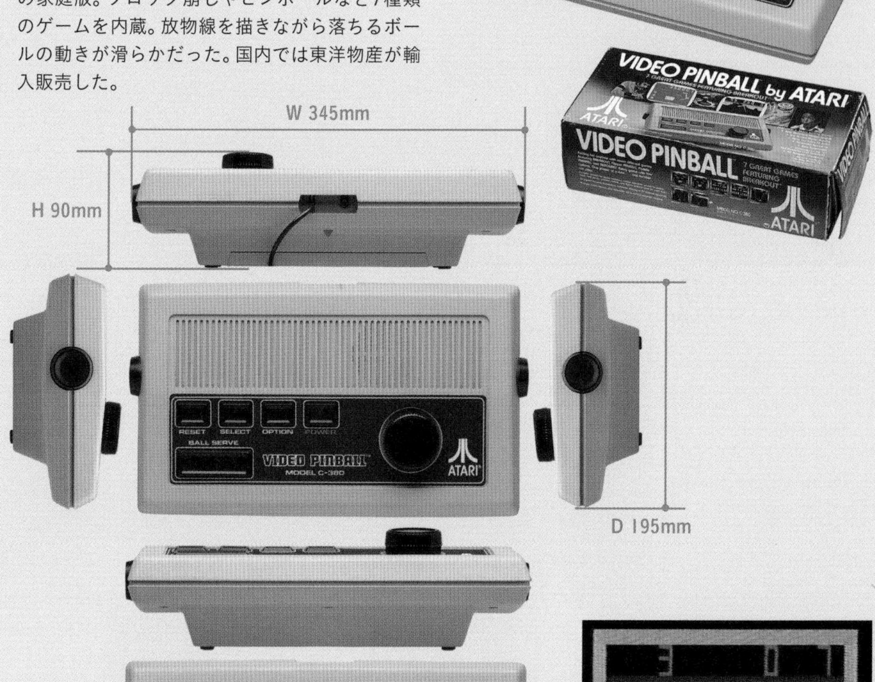

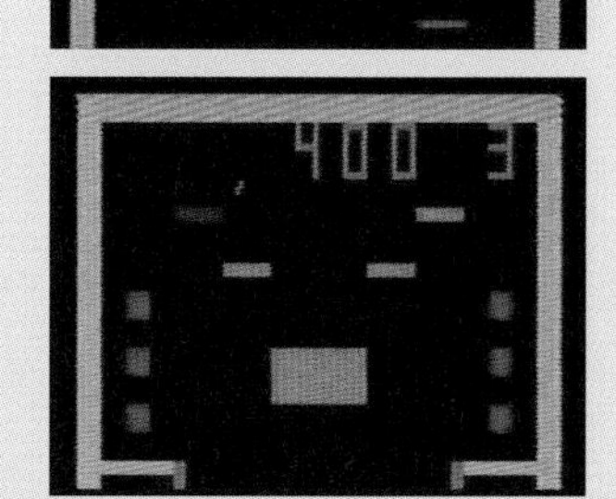

TV BASEBALL GAME

テレビ野球ゲーム

● 発売時期：1978年　● メーカー：エポック社
● 当時の価格：18,500円

「野球盤」で有名なエポック社が発売したデジタル野球盤ともいえるマシン。国産のマイコン搭載により、10種類の球種やタッチアップなど、多彩なプレイが楽しめる。2人対戦のみ可能で、守備側は本体側のコントローラー、攻撃側はパッドを使用する。

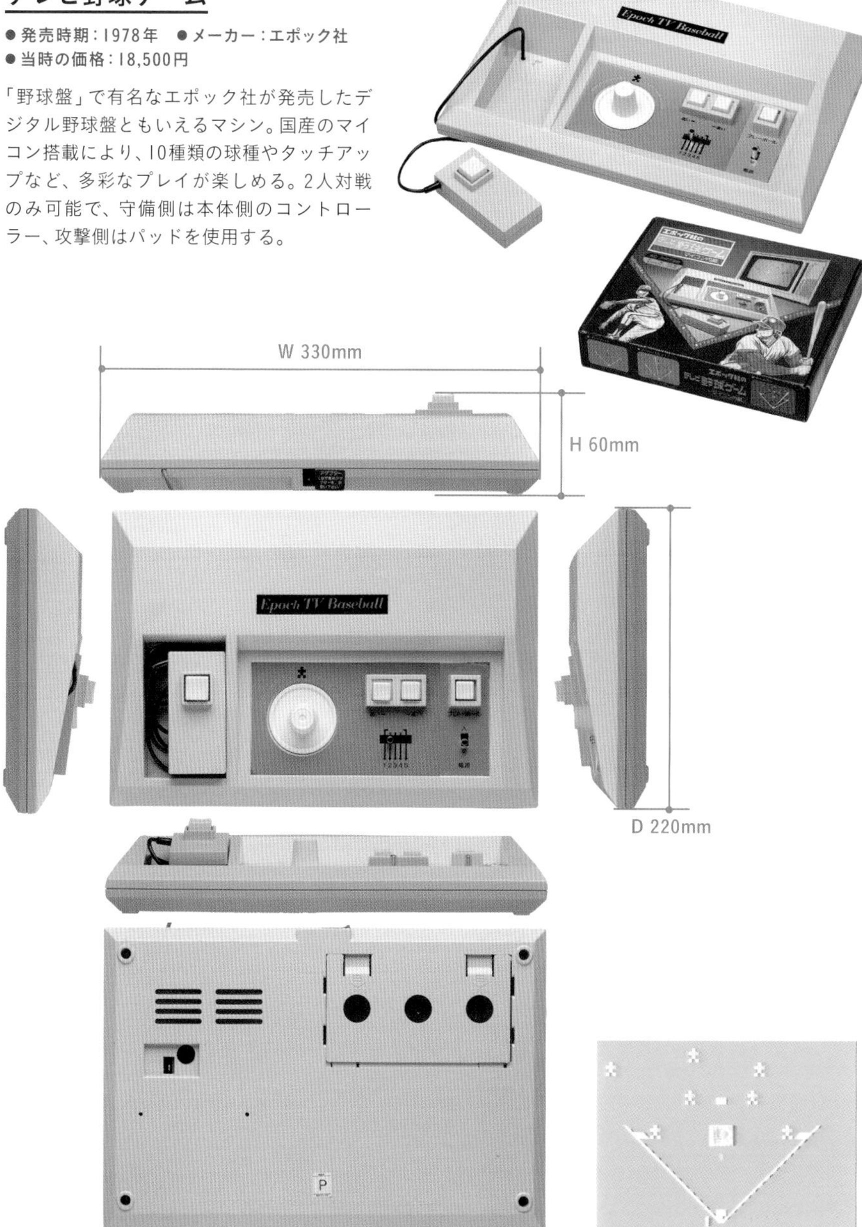

RACING112
低1速
中速2高速

COLOR TV GAME
RACING 112

レーシング112

●発売時期：1978年　●メーカー：任天堂
●当時の価格：18,000円

設定の組み合わせで112通りの遊び方が可能なレースゲーム。大きなハンドルと2段階のシフトレバーを操作し、2人用の時にはパドルコントローラーを使用。敵車を避けながら制限時間内のゴールを目指す。何度か値下げされ、販売台数は16万台程度だったという。

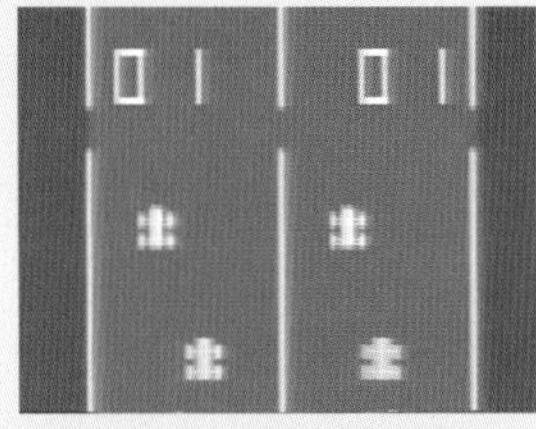

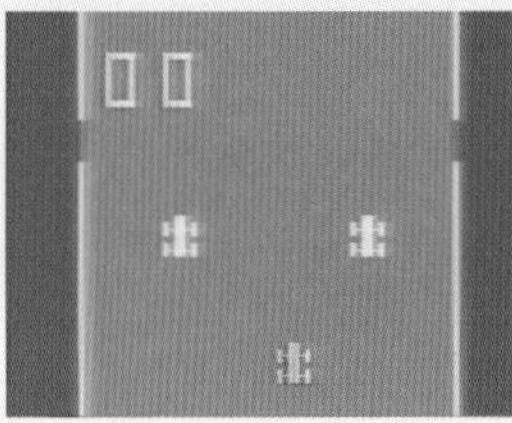

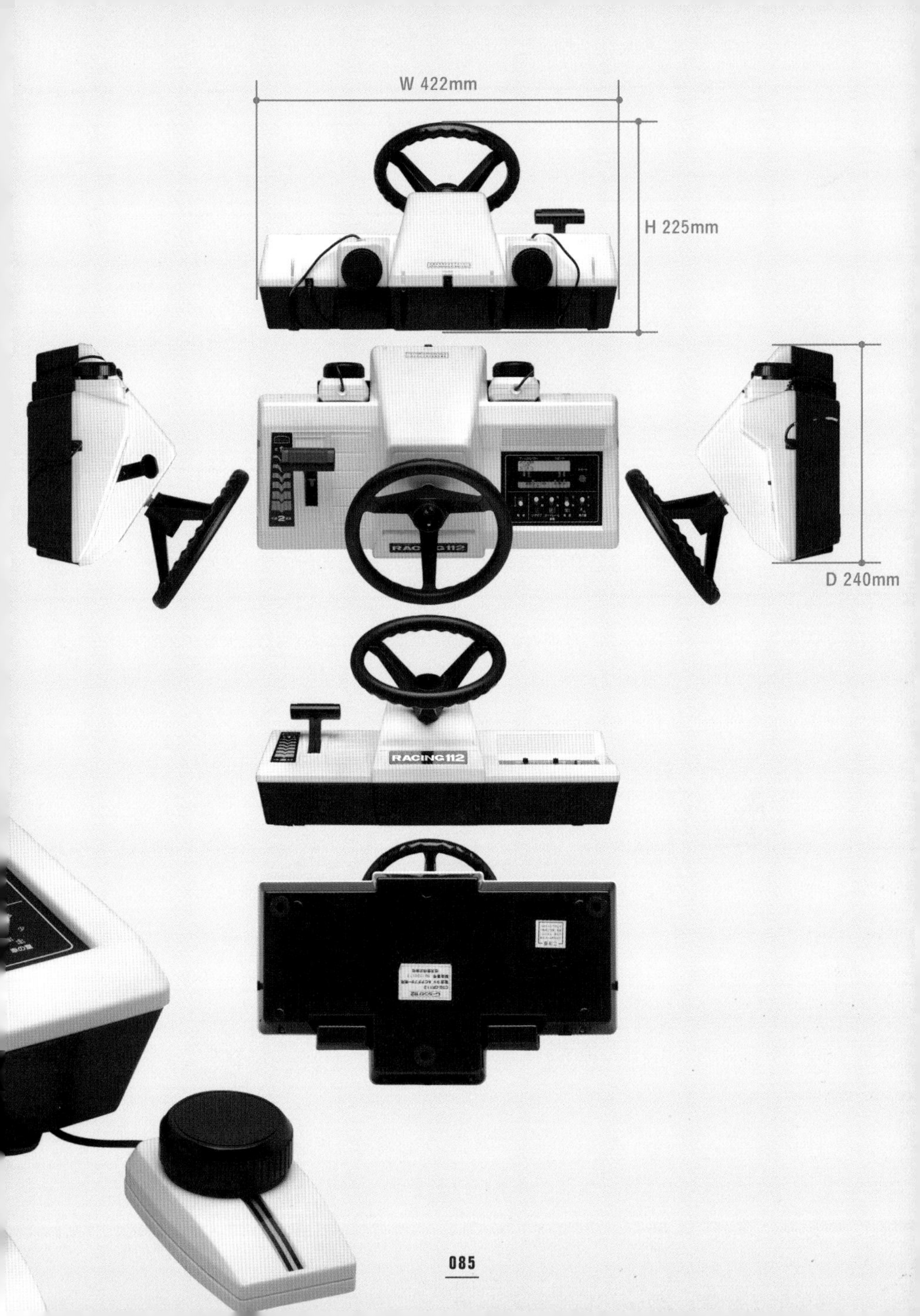
W 422mm
H 225mm
D 240mm
RACING 112
RACING 112

TV BLOCK

EPSON
TV BLOCK
BREAKOUT・PINBALL・BASKETGAME
ピンボールゲーム・2
バスケットゲーム・1
バスケットゲーム・2
ブロックくずし

テレビブロック

● 発売時期：1979年　● メーカー：エポック社
● 当時の価格：13,500円

「ビデオピンボール」（ATARI／'78）と同じLSIを搭載したマシン。ブロック崩しをはじめ、放物線を描くバスケットボール、本体両サイドのボタンを使うフリッパーピンボールなど7種類のゲームが遊べる。ブロック崩し1種類を入れ替えた「テレビブロックMB」もある。

テレビブロック MB

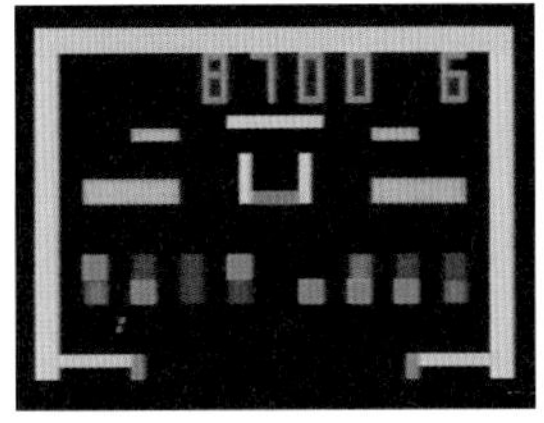

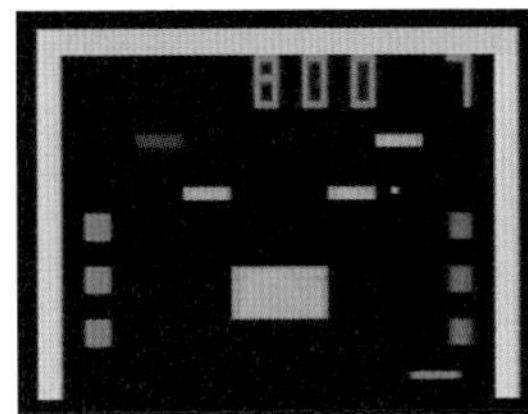

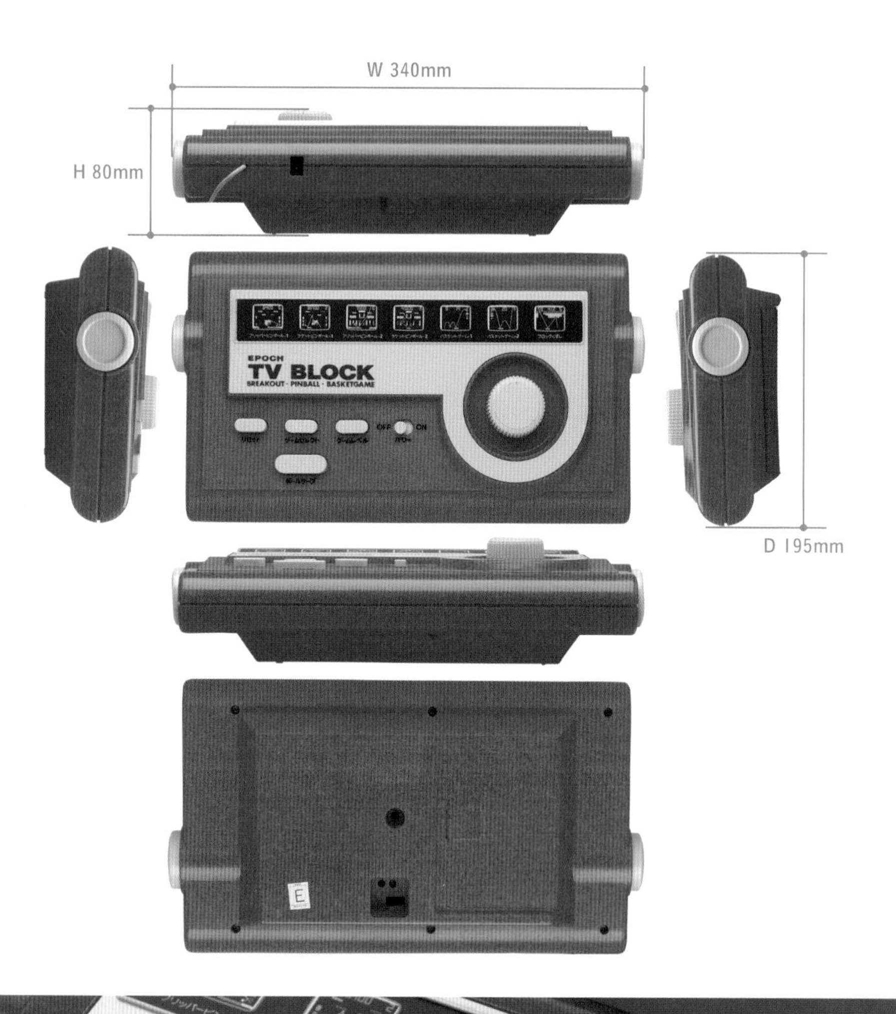
W 340mm
H 80mm
D 195mm
EPOCH
TV BLOCK
BREAKOUT · PINBALL · BASKETGAME
OFF
ON

フリッパーピンボール-1
ラケットピンボール-1
フリッパーピンボール-2
ラケットピンボール-2
バスケットゲーム-1
バスケットゲーム-2
EPOCH
TV BLOCK
BREAKOUT · PINBALL · BASKETGAME
リセット
ゲームセレクト
ゲームレベル
ボールサーブ
OFF
ON
パワー

BLOCK KUZUSHI

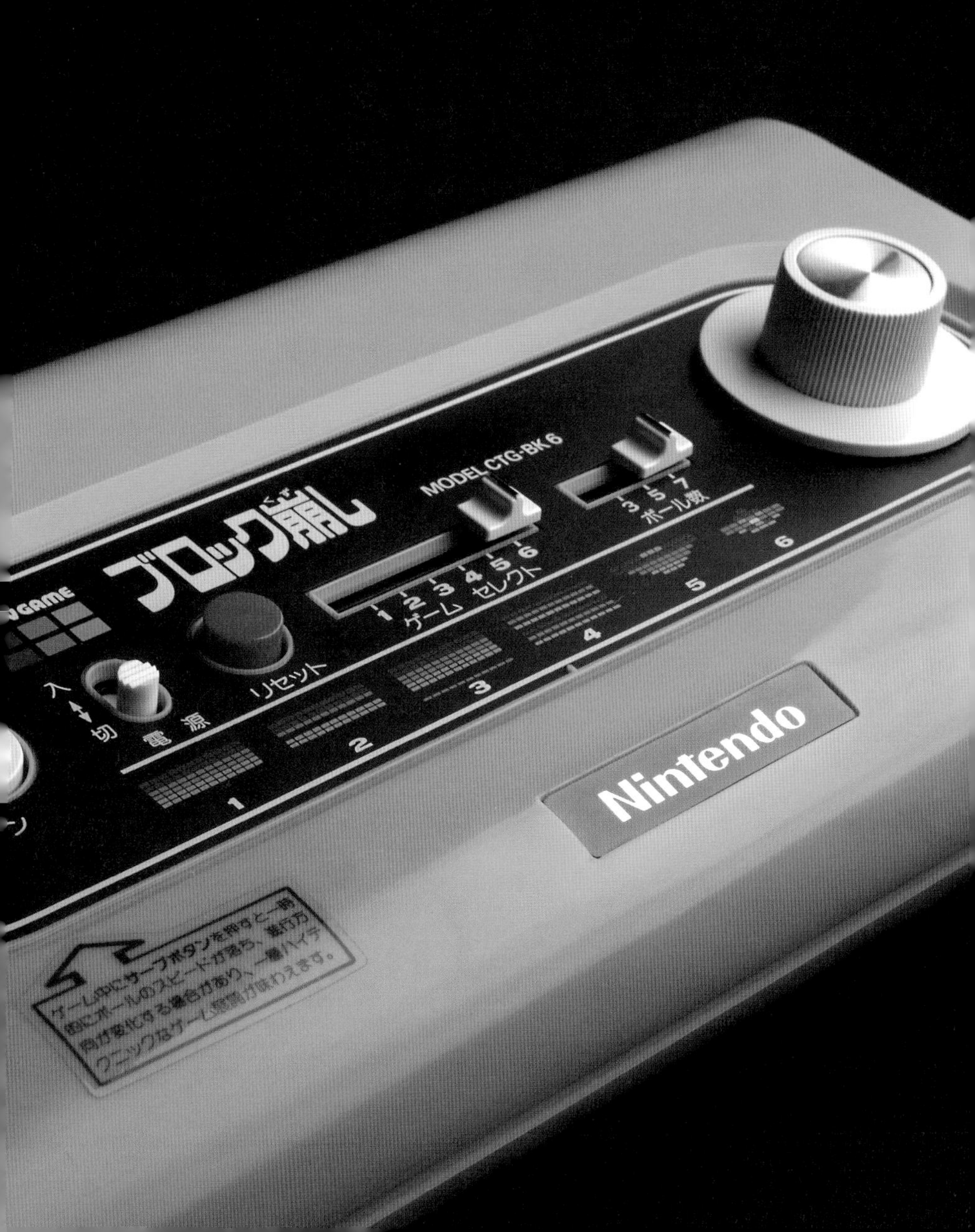

ブロック崩し

- 発売時期：1979年
- メーカー：任天堂
- 当時の価格：13,500円

任天堂が自社で初めてゲームを開発。時間を競うタイムアタックや一気に破壊できる特殊ブロックなど6種類のブロック崩しが楽しめる。本体デザインはマリオの生みの親、宮本茂氏が新人時代に担当。任天堂公式のゲーム大会も開催され、上位者にはメダルやトロフィーが授与された。

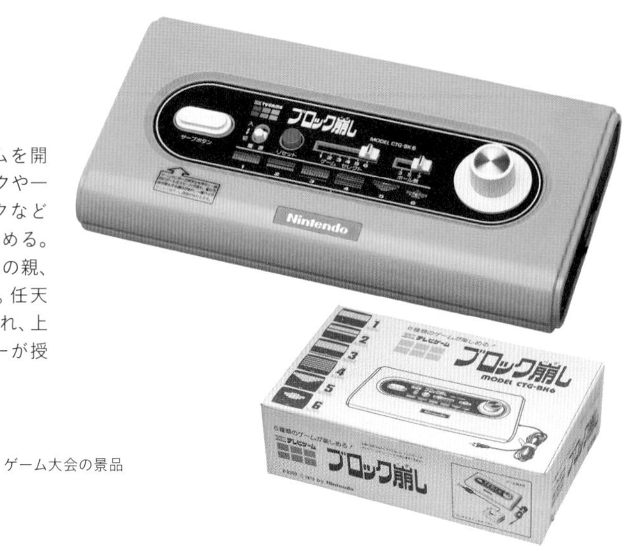

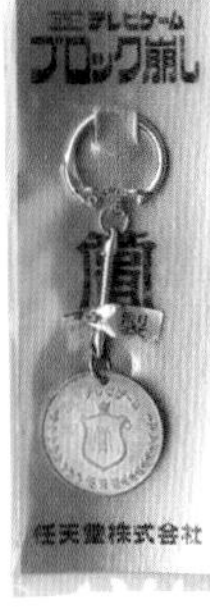

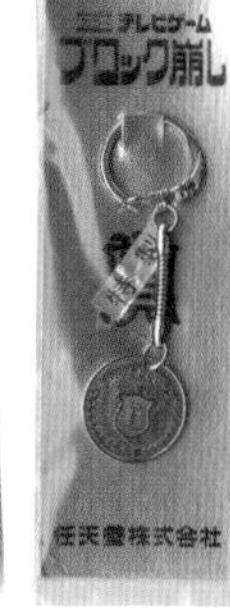

ゲーム大会の景品

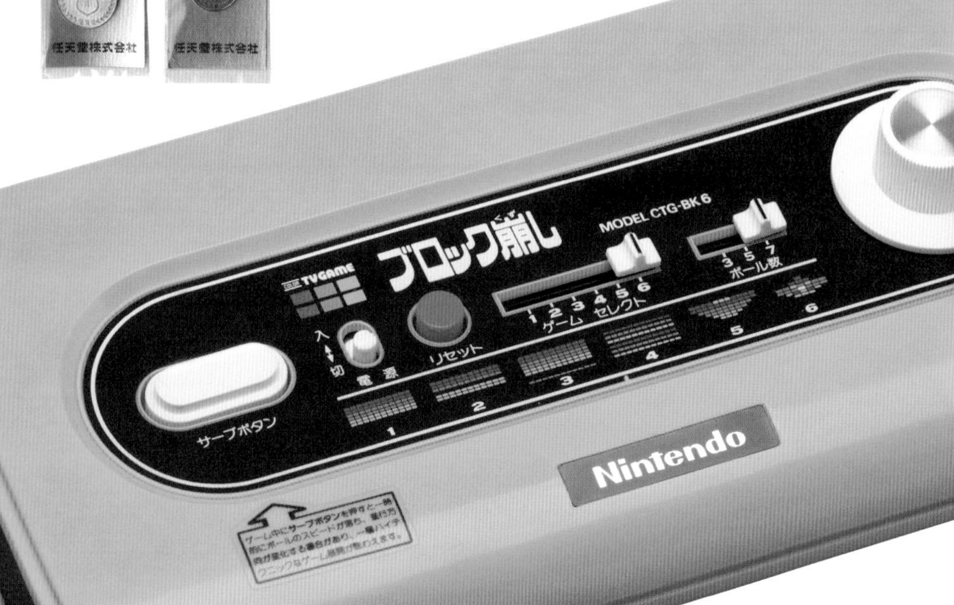

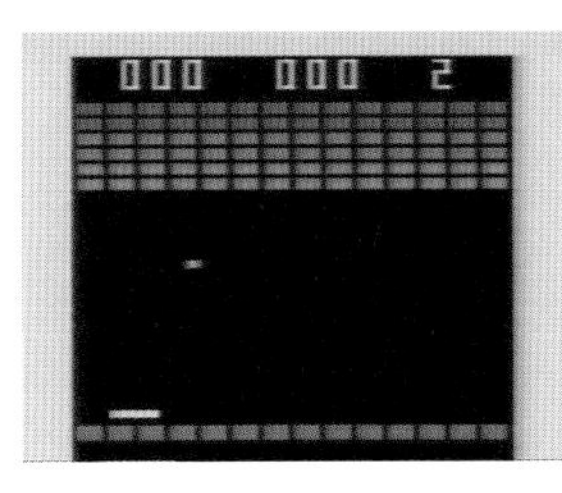
000 000 2

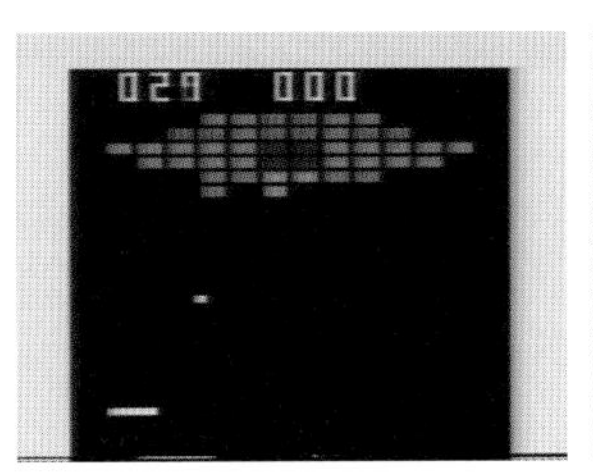
029 000

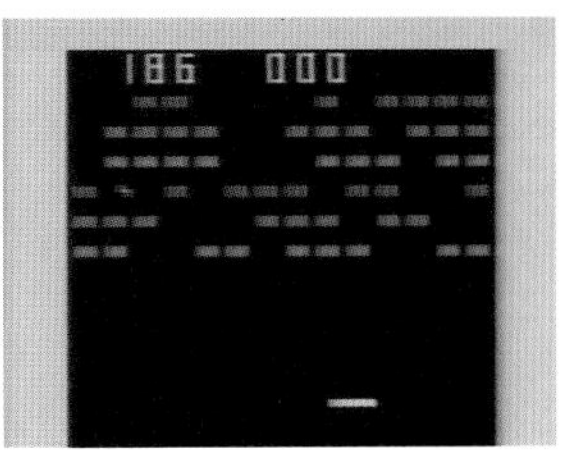
186 000

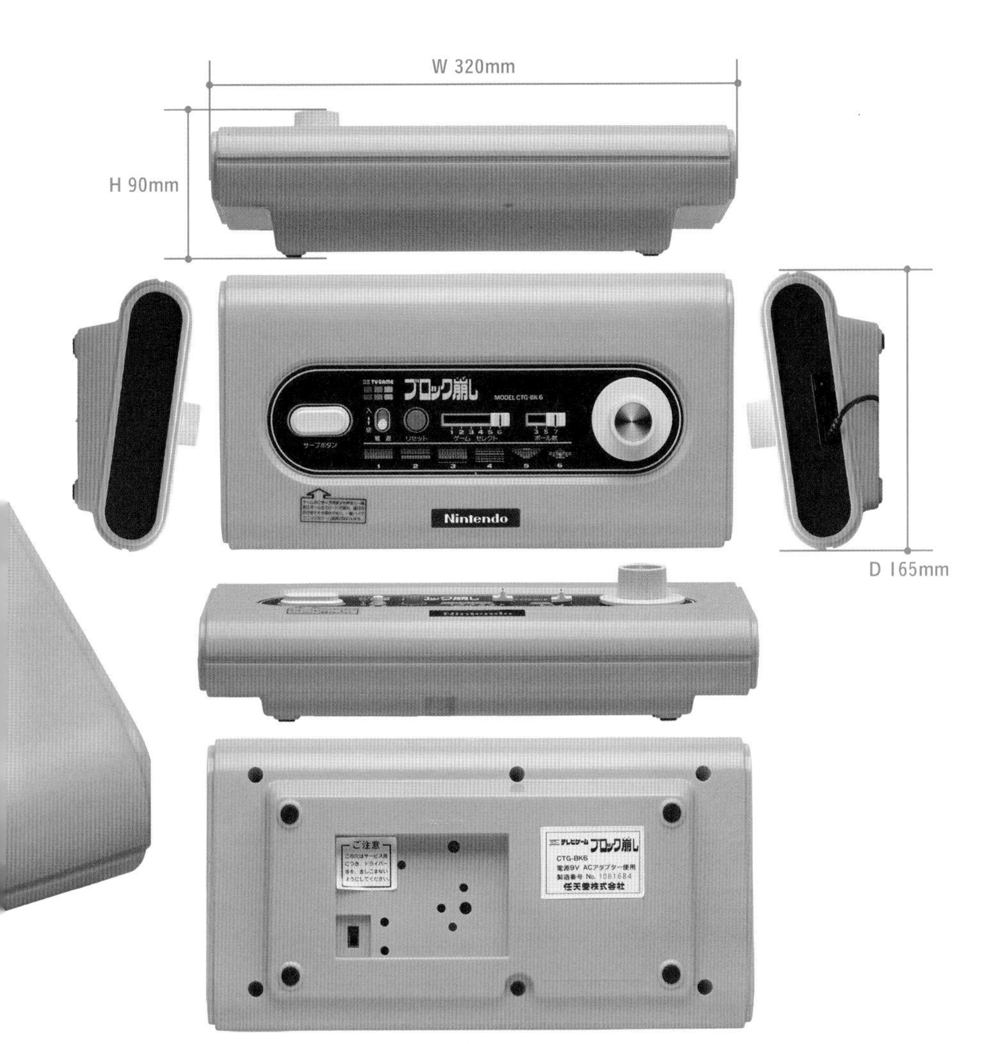
W 320mm
H 90mm
D 165mm
TVGAME
ブロック崩し
MODEL CTG-BK6
サーブボタン
リセット
ゲーム セレクト
ボール数
Nintendo
ご注意
テレビゲーム ブロック崩し
CTG-BK6
電源9V ACアダプター使用
製造番号 No. 1081684
任天堂株式会社

TV VADER

テレビベーダー

● 発売時期：1980年　● メーカー：エポック社
● 当時の価格：16,500円

1万円台で遊べる家庭用インベーダーゲームとしてヒット。ハードの制約上、一度に表示できるインベーダー数は8匹だが、倒すと後列から出現するなど工夫がなされている。ボーナスポイントのUFOも再現。100円玉を消費せずに遊べるのが当時の子供たちには嬉しかった。

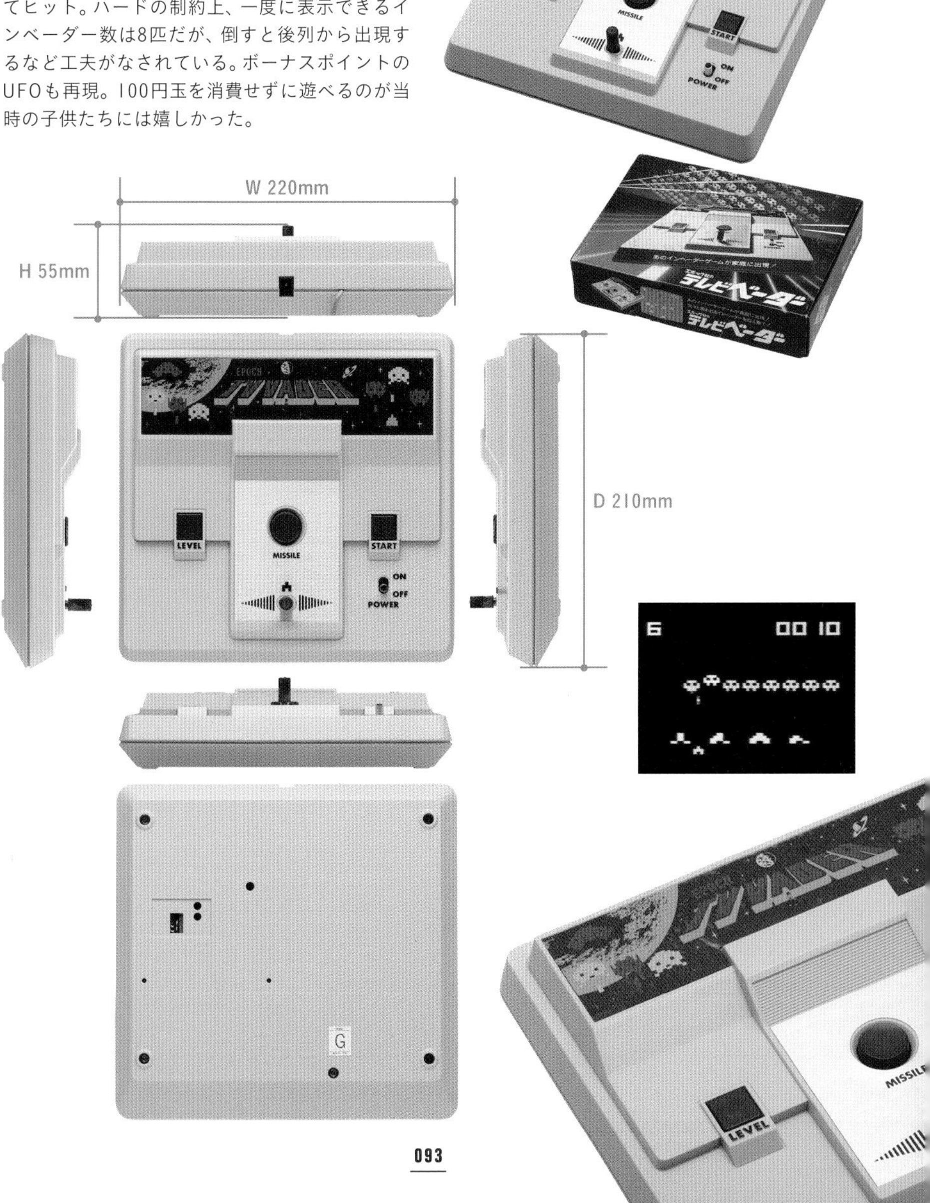

COMPUTER TV GAME

コンピューターTVゲーム

● 発売時期：1980年　● メーカー：任天堂
● 当時の価格：48,000円

業務用「コンピューターオセロゲーム」（任天堂／'78年）の家庭版。業務用の基板をそのまま利用しているため、本体サイズが大きく、アダプター重量は2キロに及ぶ。遊べるのは1〜2人対戦のオセゲームロのみ。高価だったことから、旅館やレジャー施設向けにも売られたといわれる。

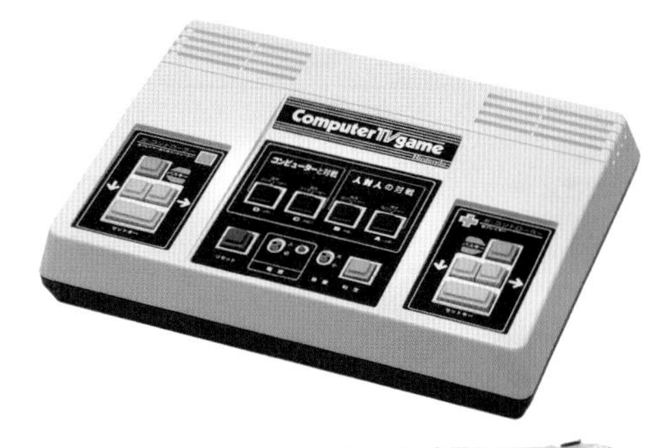

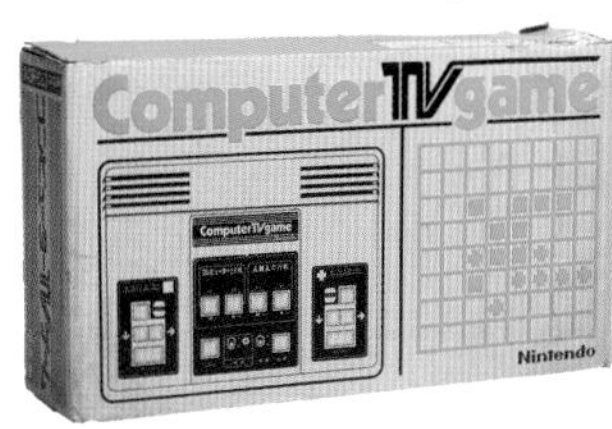

W 360mm

H 80mm

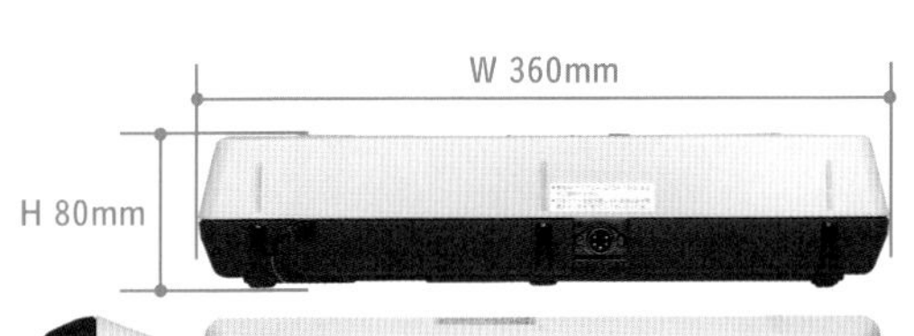

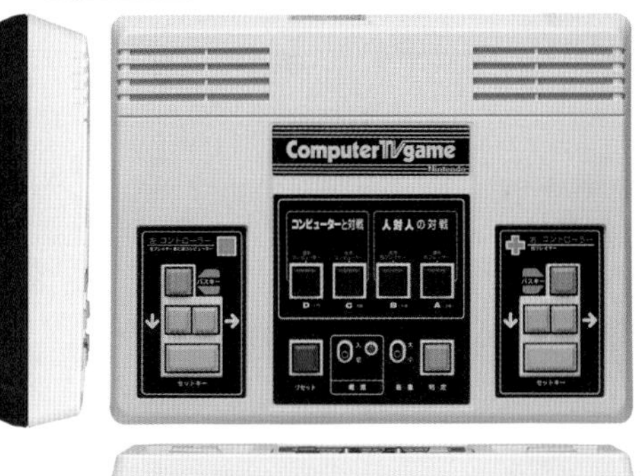

D 270mm

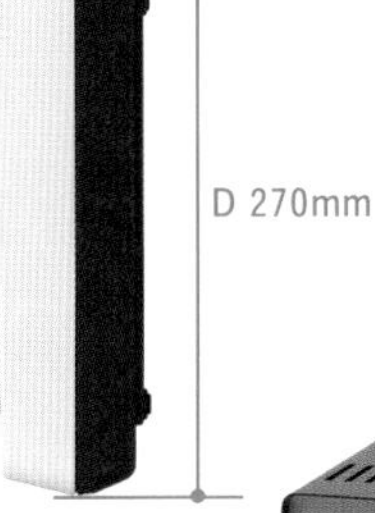

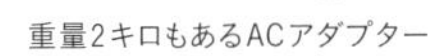
重量2キロもあるACアダプター

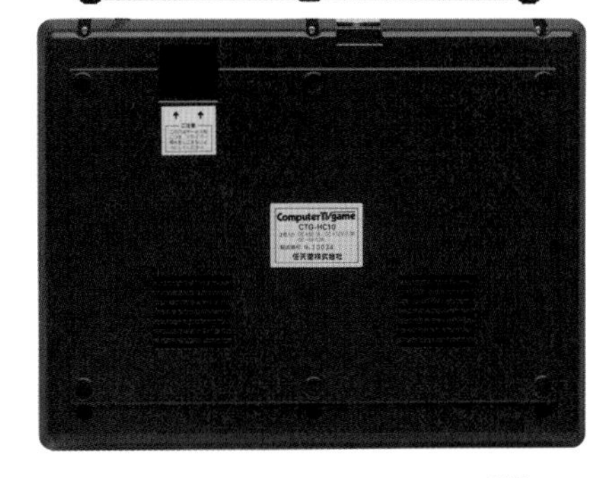

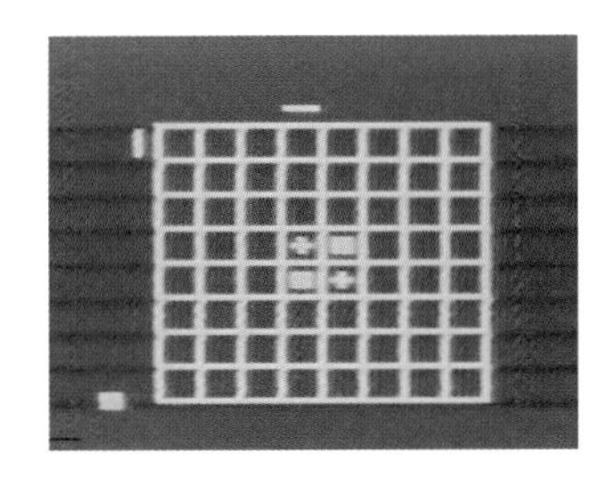

PART2
CASSETTE TYPE

GAME MACHINE

カセット交換式ゲーム機

CHANNEL F

FAIRCHILD
VIDEO ENTERTAINMENT SYSTEM
TIME MODE HOLD START
RESET 2 MIN 5 MIN 10 MIN 20 MIN
1
2
3
4
HOCKEY TENNIS GAME 3 GAME

VIDEOCART-8
• Mind Reader
• Nim
Press to Eject

チャンネルF

●発売時期：1977年　●メーカー：丸紅住宅機器販売／Fairchild
●当時の価格：128,000円〜

世界初のマイコンを搭載したロムカセット交換式ゲーム機。水道栓のような独特な形状のコントローラーは、上下・左右の移動と引く・回すといった操作が可能。対応ソフトは10本程度、国内ではAERや丸紅が輸入販売した。高額だったことから、ほとんど普及しなかったという。

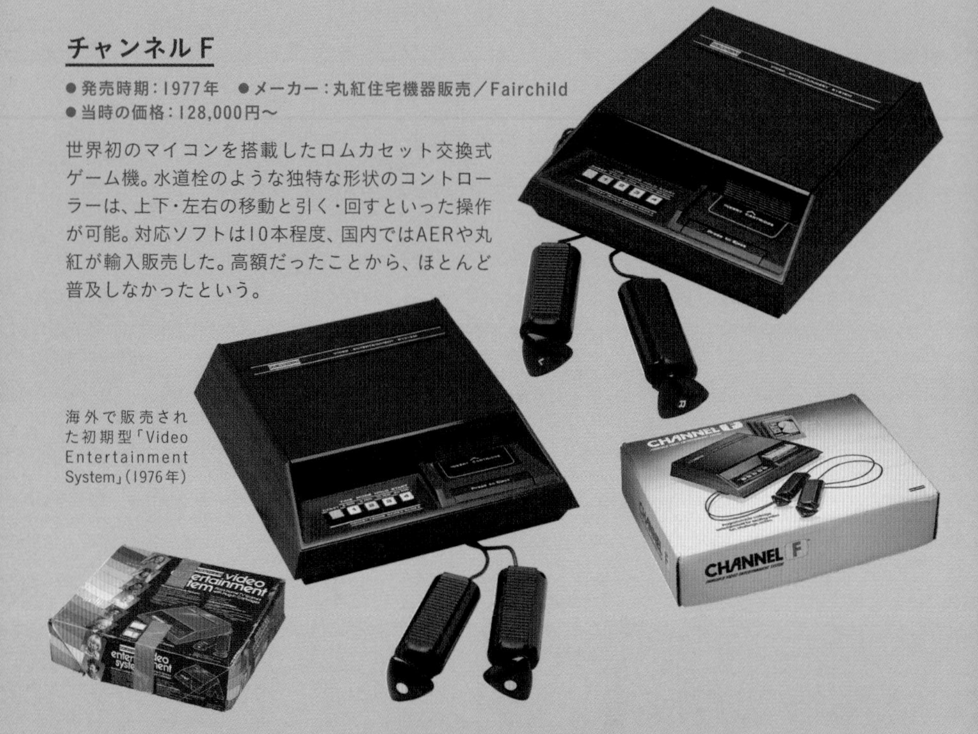

海外で販売された初期型「Video Entertainment System」(1976年)

日本版取扱説明書（左）とパンフレット（右）

チャンネルFの国内向けパンフレット

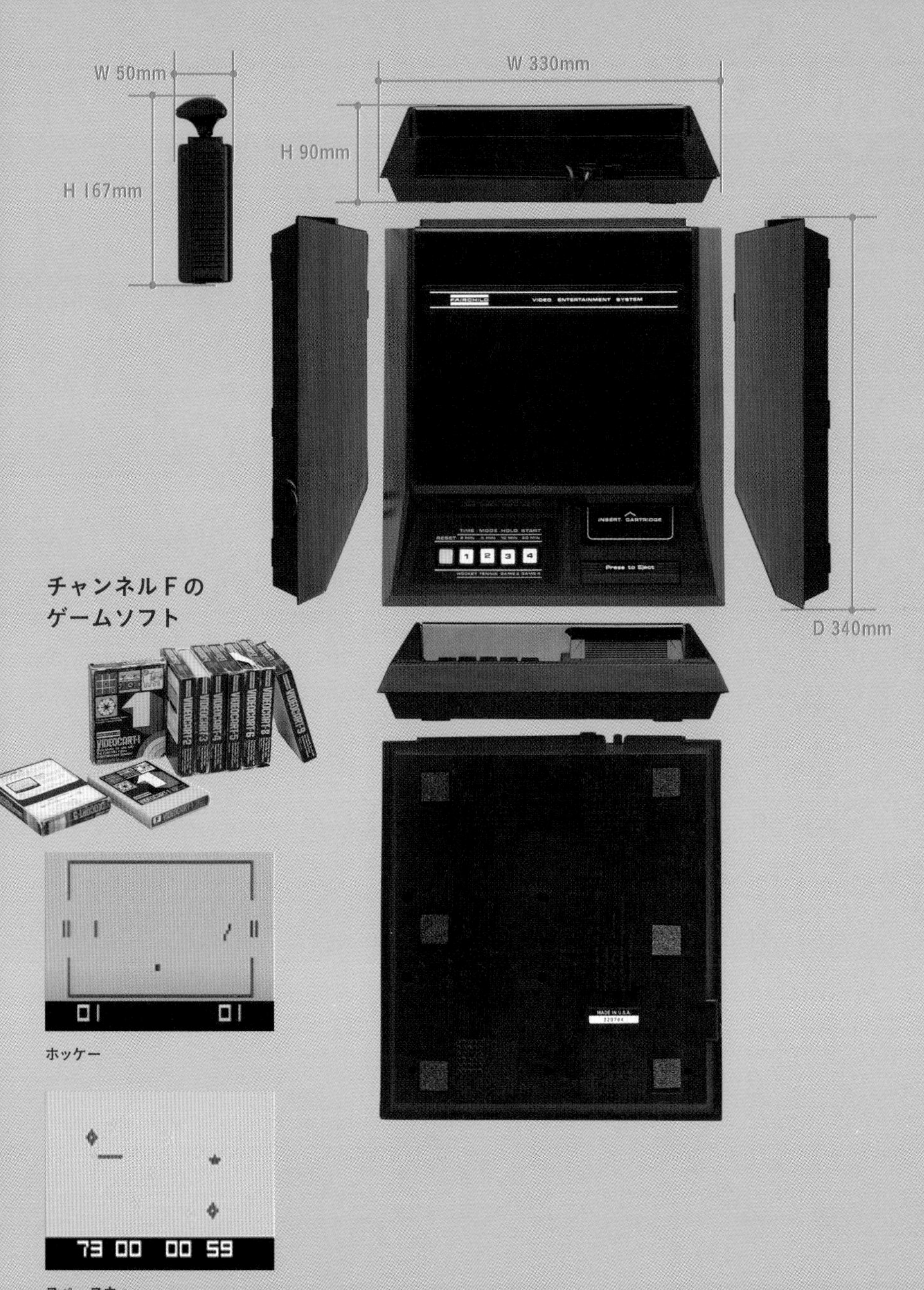

チャンネルＦの ゲームソフト

ホッケー

スペースウォー

VIDEO CASSETTY ROCK

ビデオカセッティ・ロック

● 発売時期：1977年　● メーカー：ジーエル
● 当時の価格：9,800円

国産初といわれるカセット交換式のゲーム機。これまでの一体型マシンからゲームのLSIを分離したもので、一度カセットを挿し込むとなかなか抜けず、マニュアルにも注意書きがあるほど。基本セットにはソフト1本が付属し、初期型はコントローラー部分がパドルになっている。

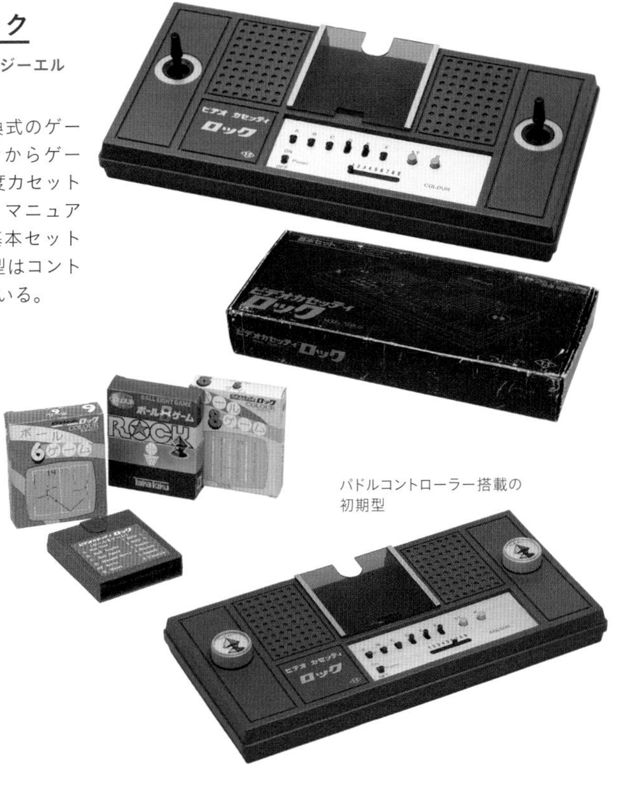

ビデオ カセッティ
ロック
ビデオカセッティ
ロック
ボール8ゲーム
ROCK
ボール
6ゲーム

パドルコントローラー搭載の初期型

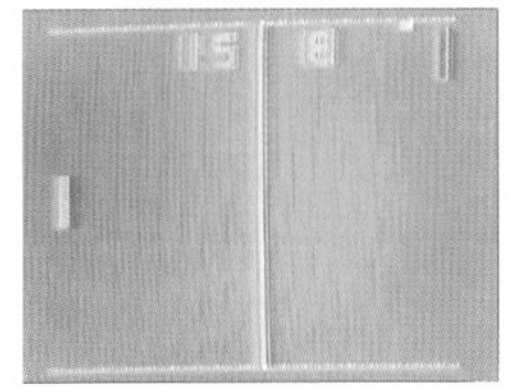

ボール6ゲーム

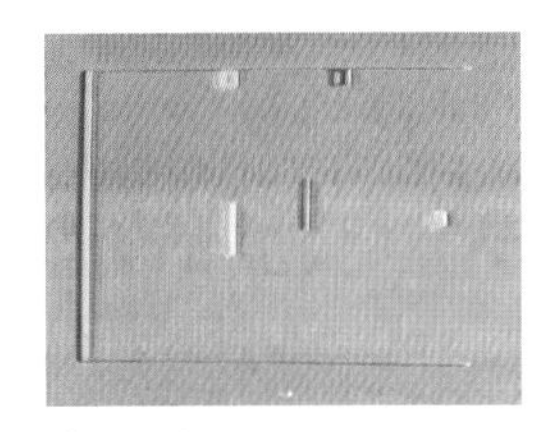

ボール8ゲーム

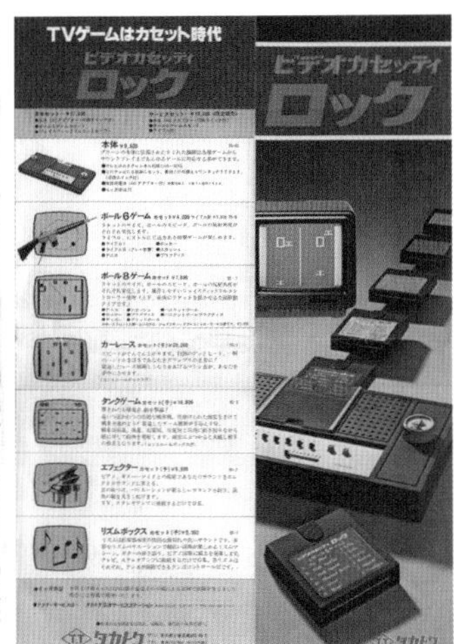

ビデオカセッティ・ロックのチラシ

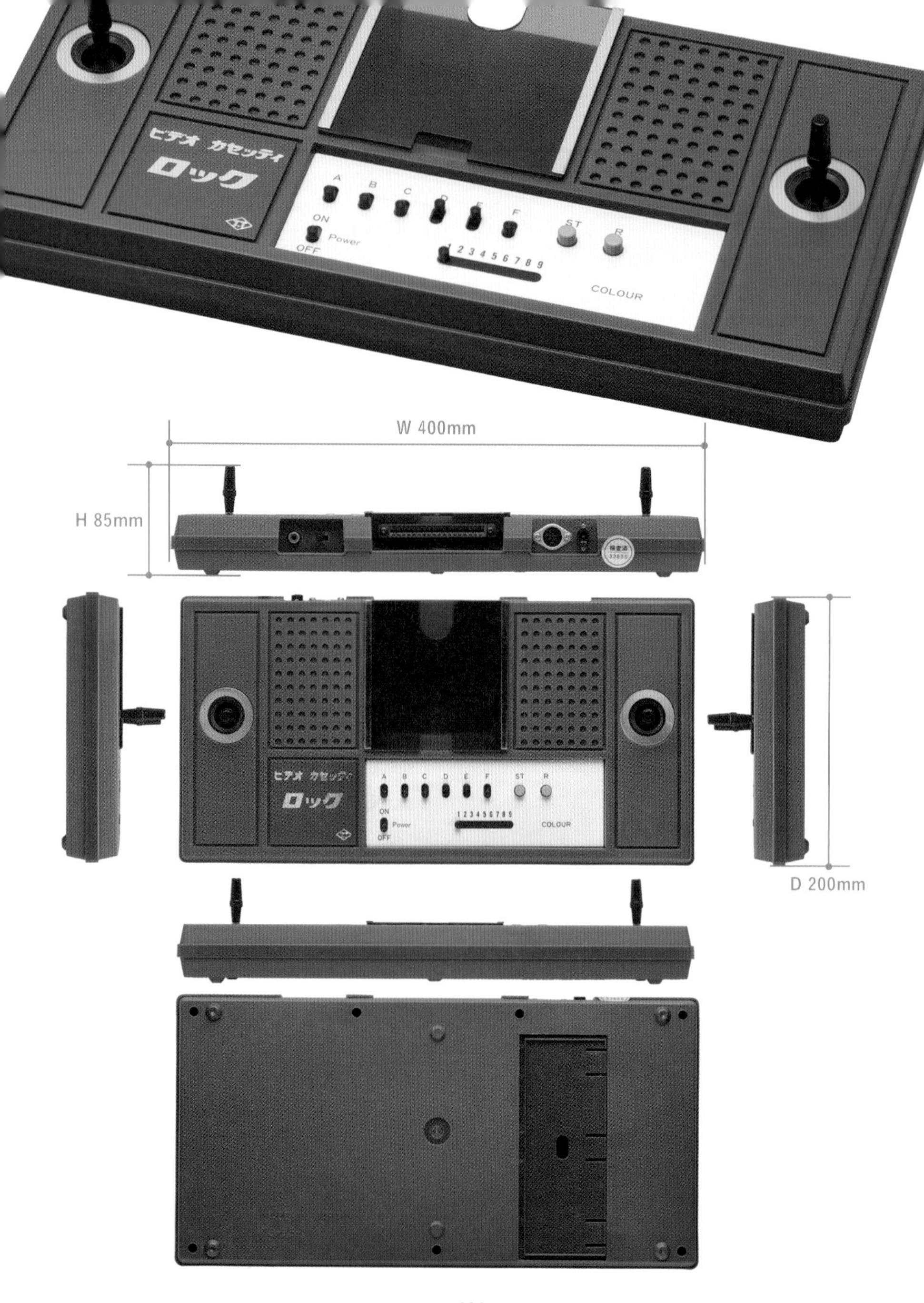

ビデオ カセッティ
ロック
A
B
C
D
E
F
ON
Power
OFF
1 2 3 4 5 6 7 8 9
ST
R
COLOUR
W 400mm
H 85mm
D 200mm

TELSTAR ARCADE

テルスターアーケード

●発売時期：1978年　●メーカー：砂川産業／Coleco
●当時の価格：29,800円

ハンドル、シフトレバー、パドル、光線銃など、当時のゲーム機にあったコントロール部分をすべて搭載した米国の玩具メーカー・コレコ社のマシン。本体上部には三角形のカートリッジスロットが備わっている。対応ソフトは4本程度、日本でもわずかに輸入販売されという。

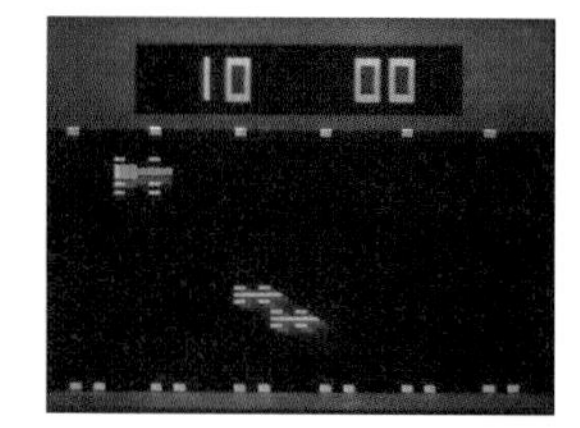

本体上部に三角形のカートリッジを
挿し込む

TV JACK
ADD-ON5000

アドオン5000
ブロック10
No 1
No 10
リセット
ブロック10 No.
VIDEO MATE
TV JACK
アドオン5000
POWER
OFF
A
B

TV JACK アドオン5000

●発売時期：1978年　●メーカー：バンダイ　●当時の価格：19,800円

バンダイ初のカセット交換式ゲーム機。セパレート式のコントローラーには、8方向のアナログスティックとテンキーなどを搭載しているが、使用しないボタンもある。後期型はイジェクトスイッチが省略され、本体色は青色に変更、同梱カセットも異なる。対応カセットは全4本。

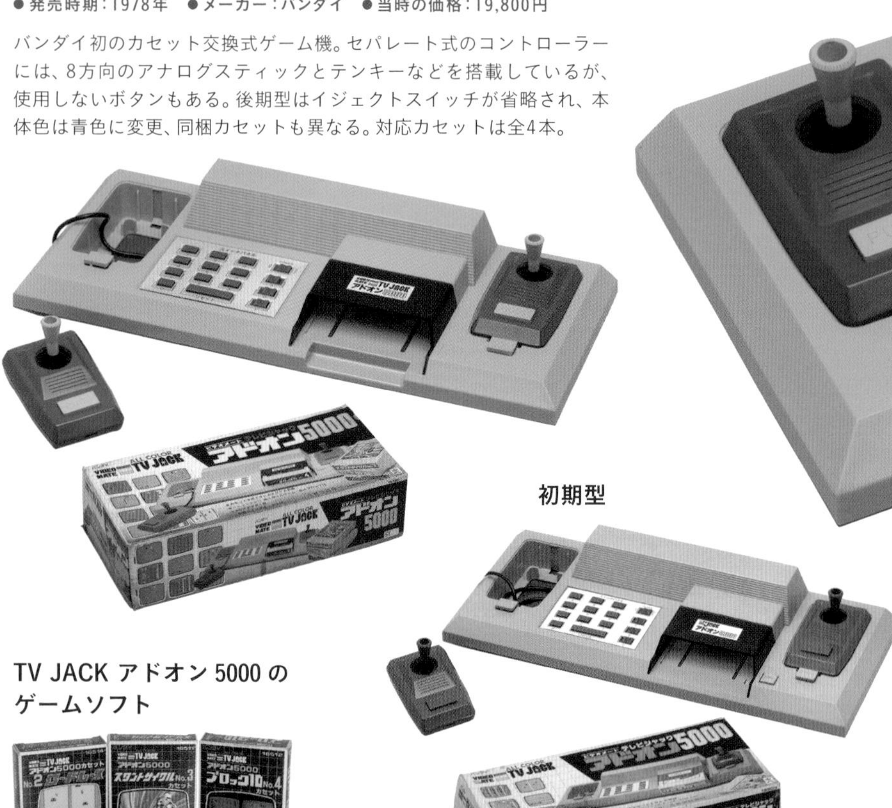

初期型

TV JACK アドオン5000のゲームソフト

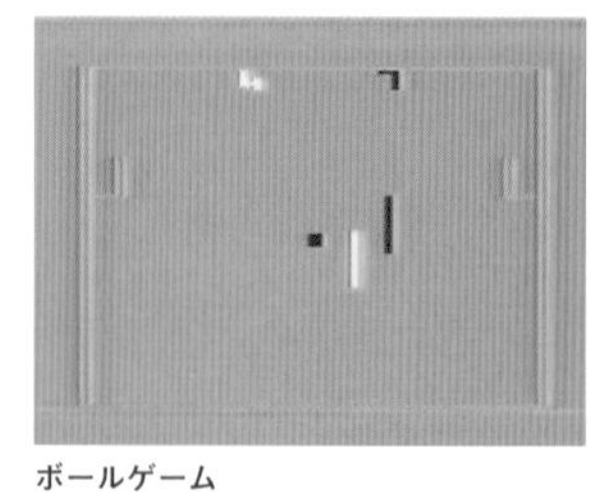

ボールゲーム

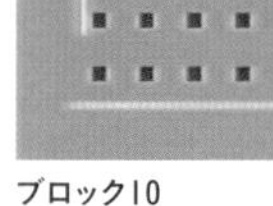

ブロック10

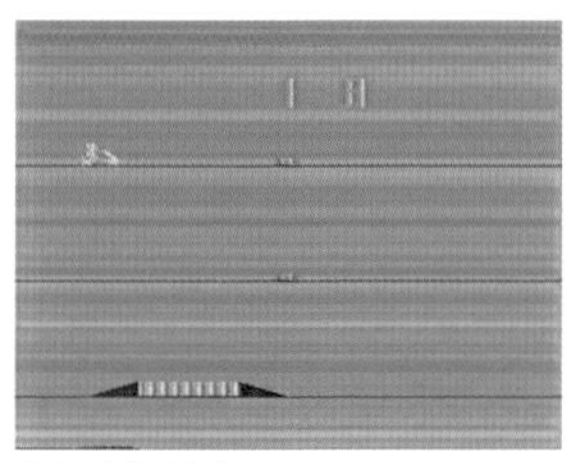

スタントサイクル

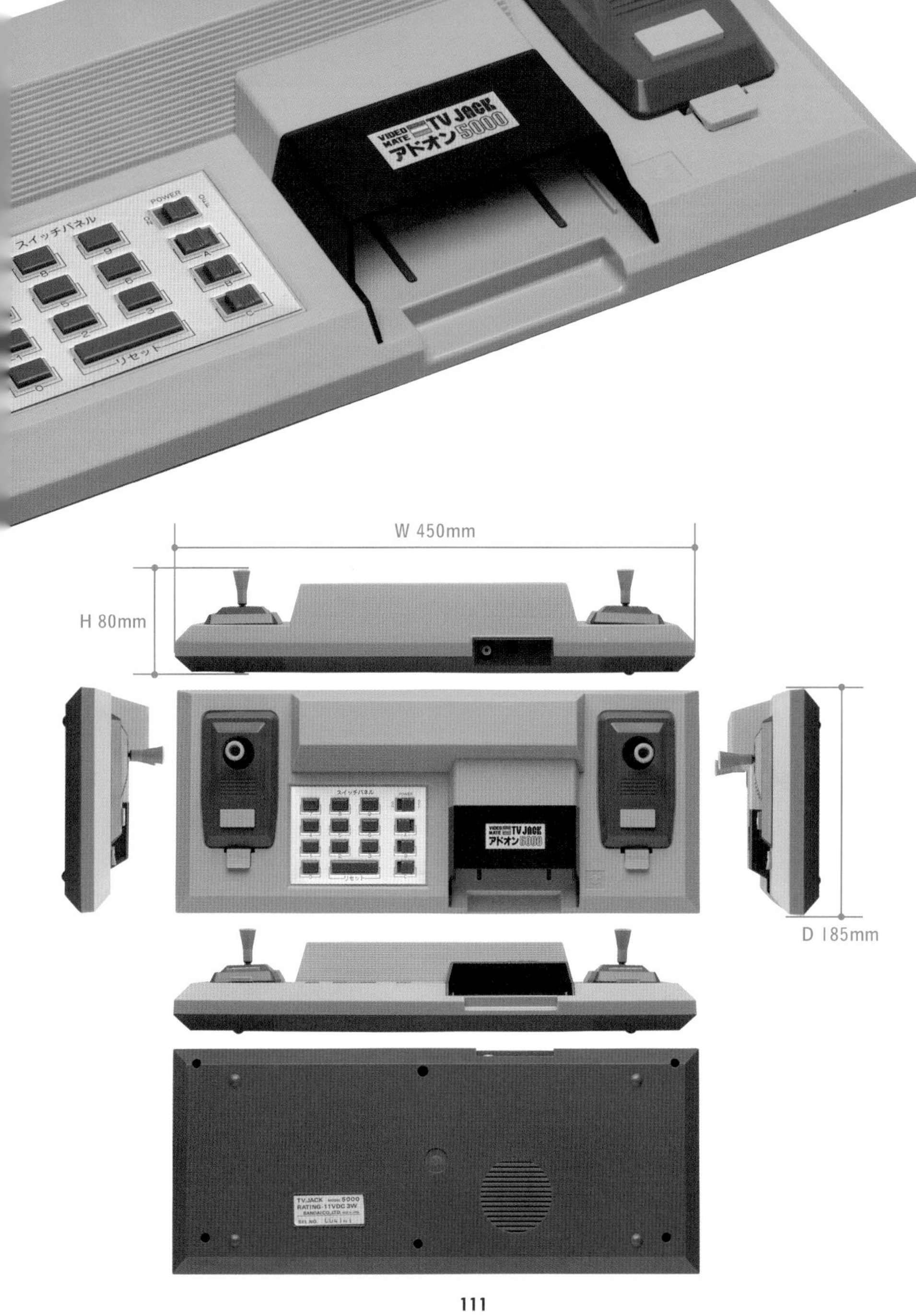
VIDEO MATE
TV JACK
アドオン5000
POWER
スイッチパネル
リセット
W 450mm
H 80mm
D 185mm
TV JACK MODEL 5000
RATING-11VDC 3W

VISICOM
ゲームのしかた
ボーリング
カーレース
1人ゲーム
2人ゲーム
LARGE SCALE INTEGRATE
VIS-COM CONTROLLER
TOSHIBA

TOSHIBA
VISICOM
CONTROL STICK

ビジコン

- 発売時期：1978年
- メーカー：東芝
- 当時の価格：54,800円

国産初のマイコン搭載型のゲーム機。本体には落書きや加算ゲームなど5種類のゲームを内蔵し、カセットの挿し替えも可能。ソフトの中には『角力（すもう）』もある。コントローラーは、パッド上にジョイスティックの装着も可能。教育機器として販売されたが、あまり普及しなかった。

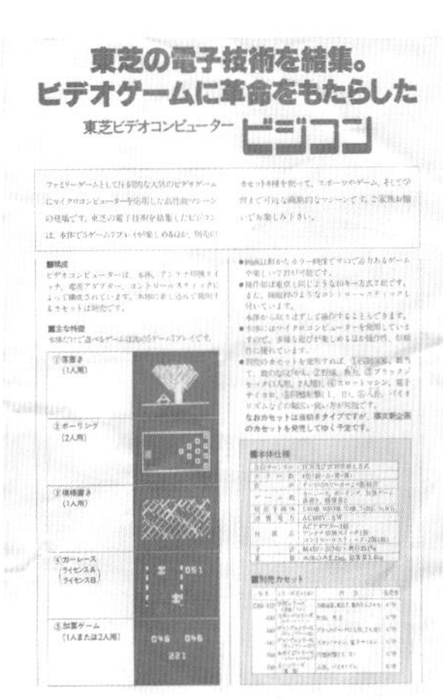

ビジコンのチラシ

ビジコンのゲームソフト

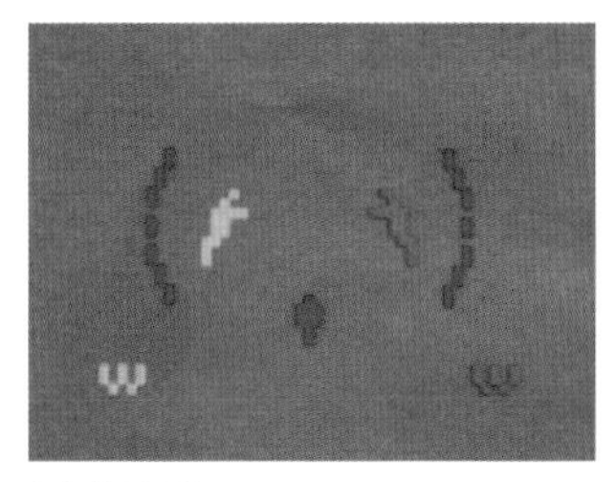

角力（すもう）

算数ドリル（数当て）

TV JACK SUPER VISION8000
BANDAI ELECTRONICS TV-JACK MICRO COMPUTER SYSTEM
SUPER VISION 8000
1 MISSILEVADER
CASSETTE
POWER
ON
OFF
PUSH
TVJACK MICRO COMPUTER SYSTEM
SUPER VISION 8000

1 2 3
4 5 6
7 8 9
* 0 #

TV JACK スーパービジョン 8000

● 発売時期：1979年　● メーカー：バンダイ
● 当時の価格：59,800円

シリーズ初のマイコン搭載モデル。グラフィックやサウンドなど当時の家庭用ゲーム機としては、かなり高いレベルだったという。業務用で大ヒットしたインベーダー風ゲームが同梱され、対応ソフト6本が発売。コントローラーのテンキー部分には、ゲームに応じたシートを被せて遊ぶ。

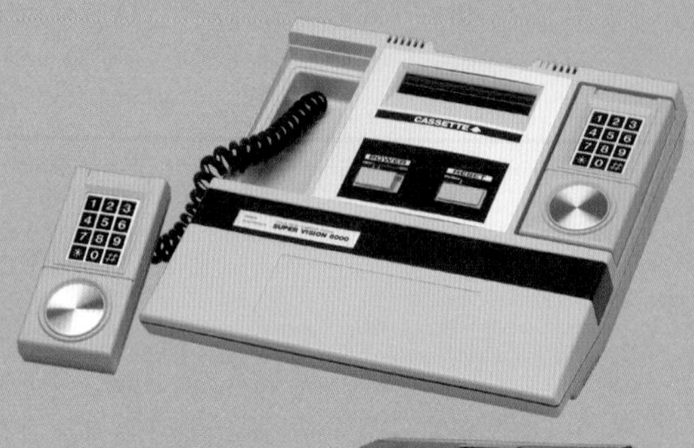

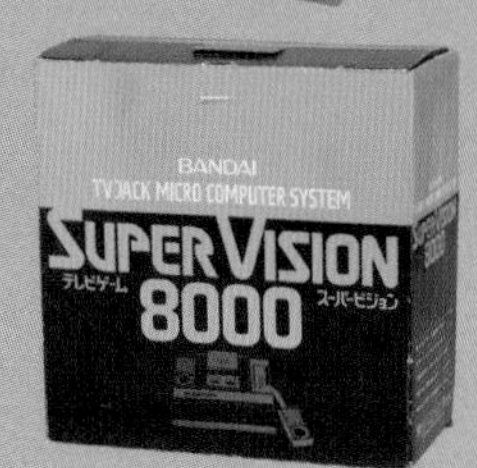

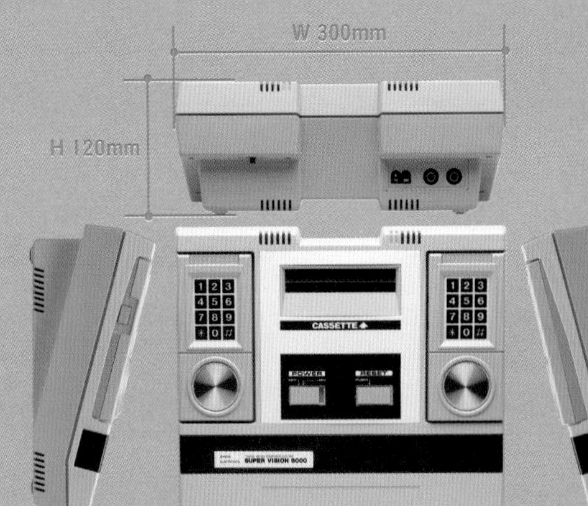

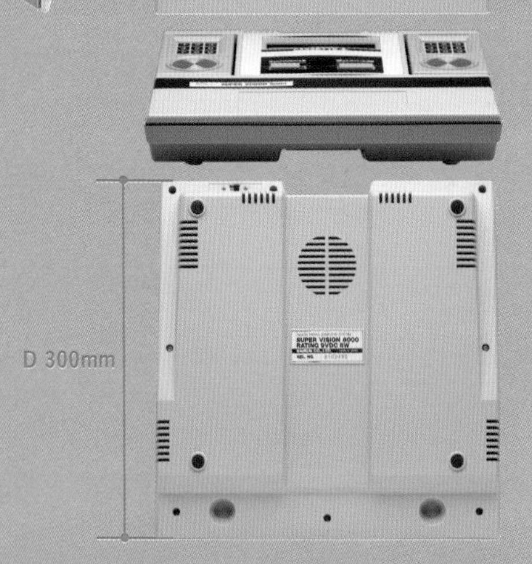

TV JACK スーパービジョン8000の広告（「ホットドッグ・プレス」1979年12月25日号）

TV JACK スーパービジョン 8000 のゲームソフト

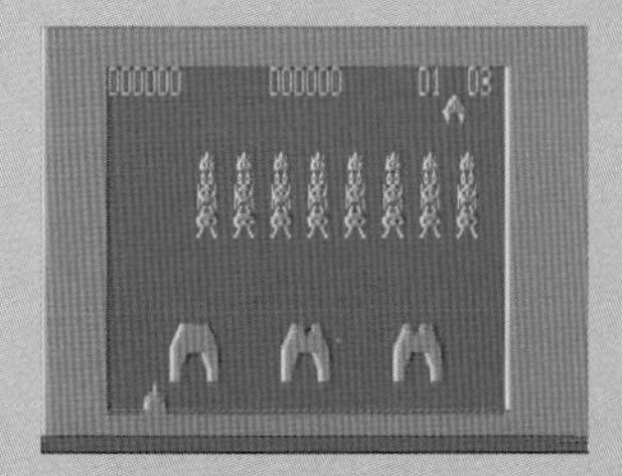

ミサイルベーダー

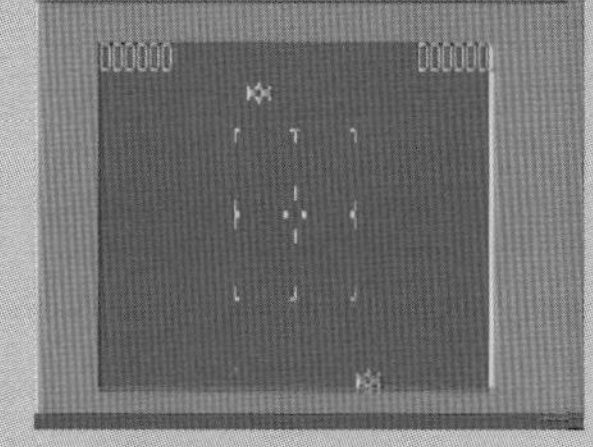

スペースファイア

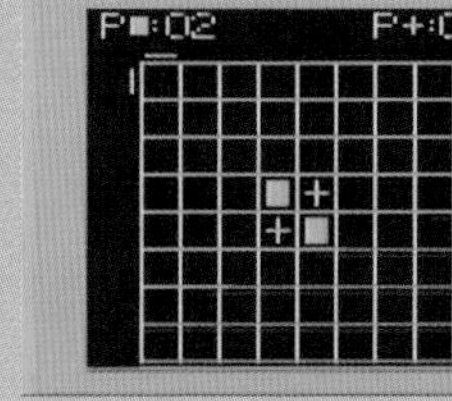

オセロ

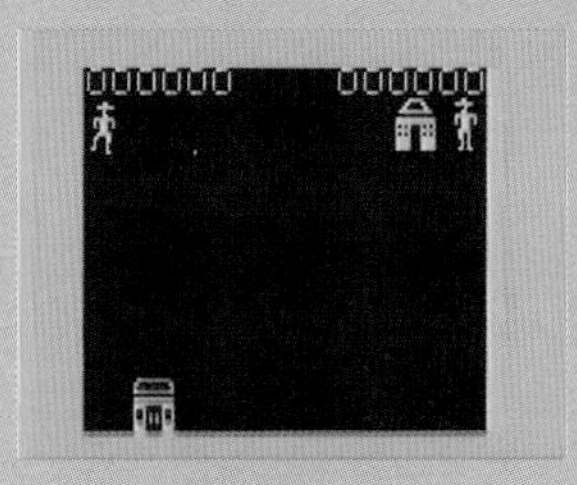

ガンプロフェッショナル

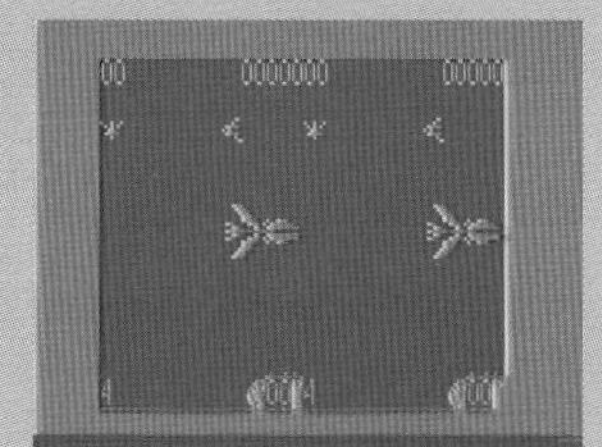

パクパクバード

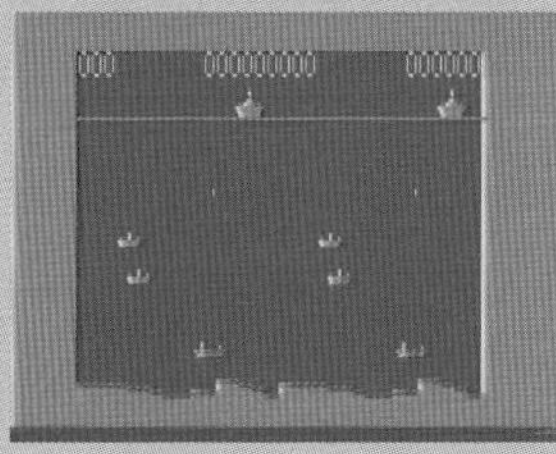

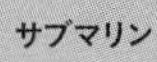

サブマリン

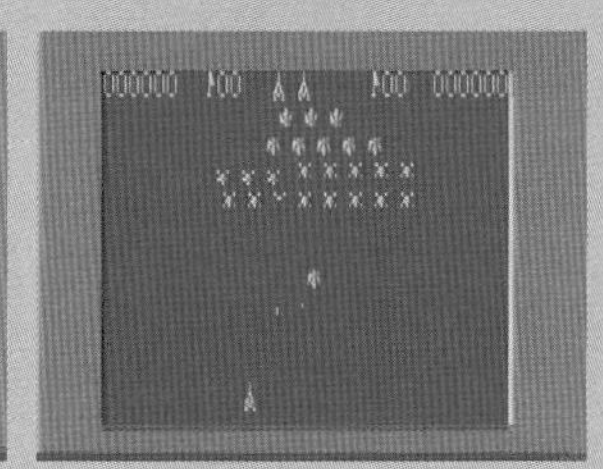

ビームギャラクシアン

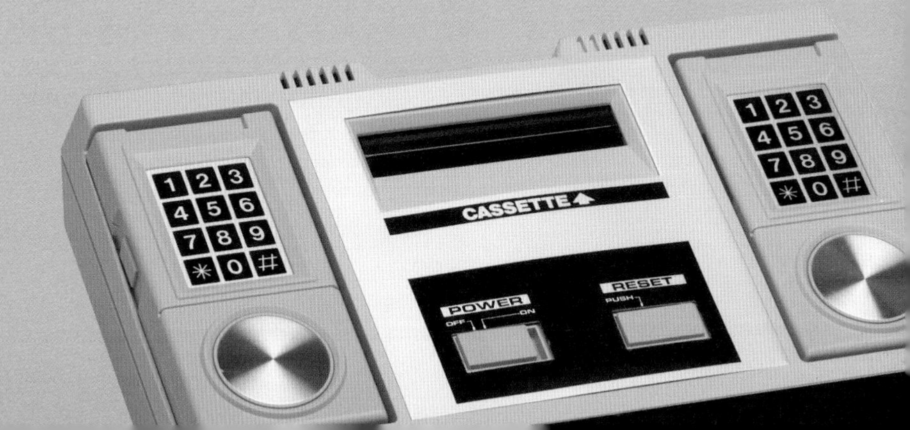

CASSETTE TV GAME

ATARI®

カセットTVゲーム

● 発売時期：1979年　● メーカー：エポック社／ATARI
● 当時の価格：39,800円

米国で大ヒットした「Atari 2600」（ATARI／'77）をエポック社が輸入販売。『スペースインベーダー』が移植されたが、高価だったことなどから普及には至らなかった。国内版は、販売地域に応じて本体右上に1または2チャンネルシールが貼られている。東洋物産も販売していた。

カセットTVゲームのゲームソフト

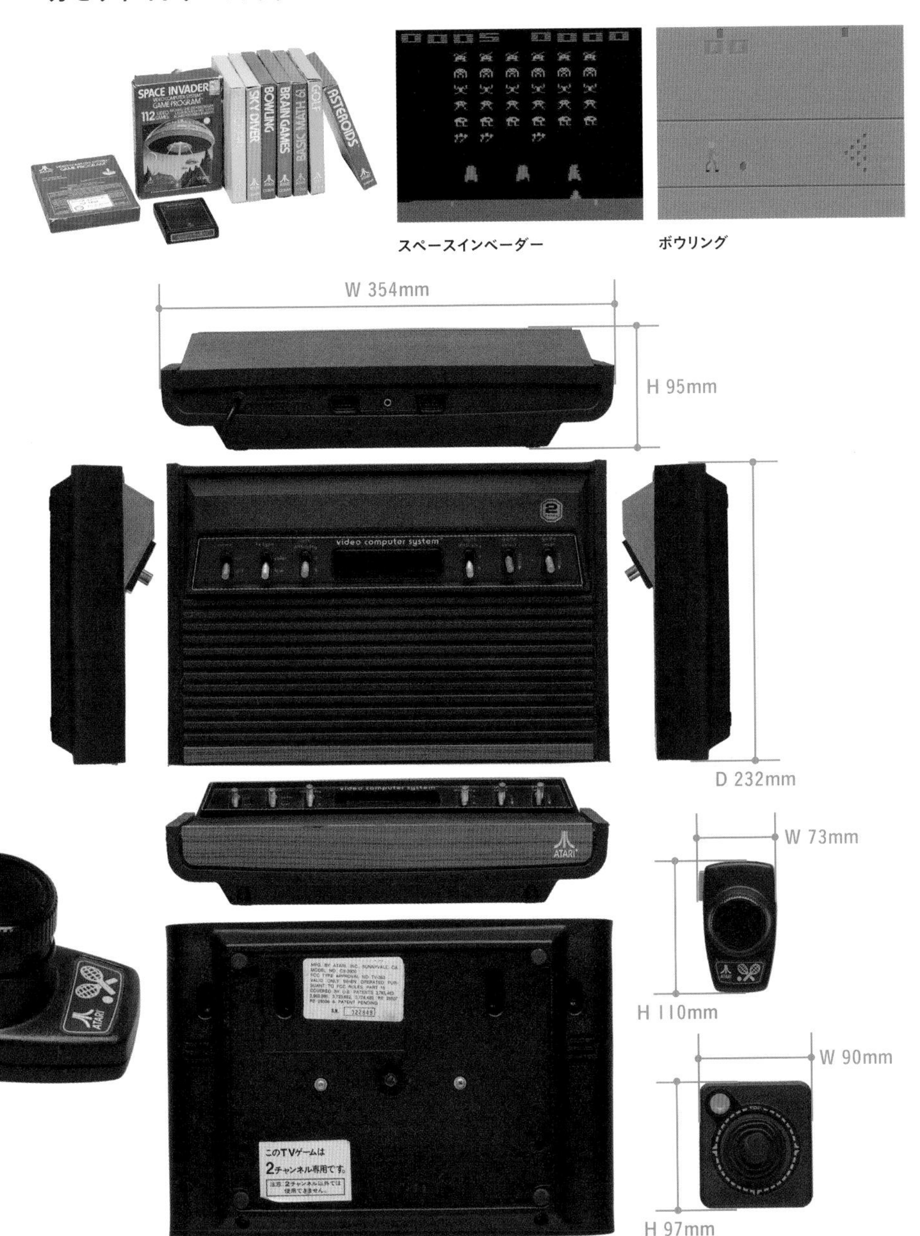

スペースインベーダー

ボウリング

CASSETTE VISION/
CASSETTE VISION Jr.

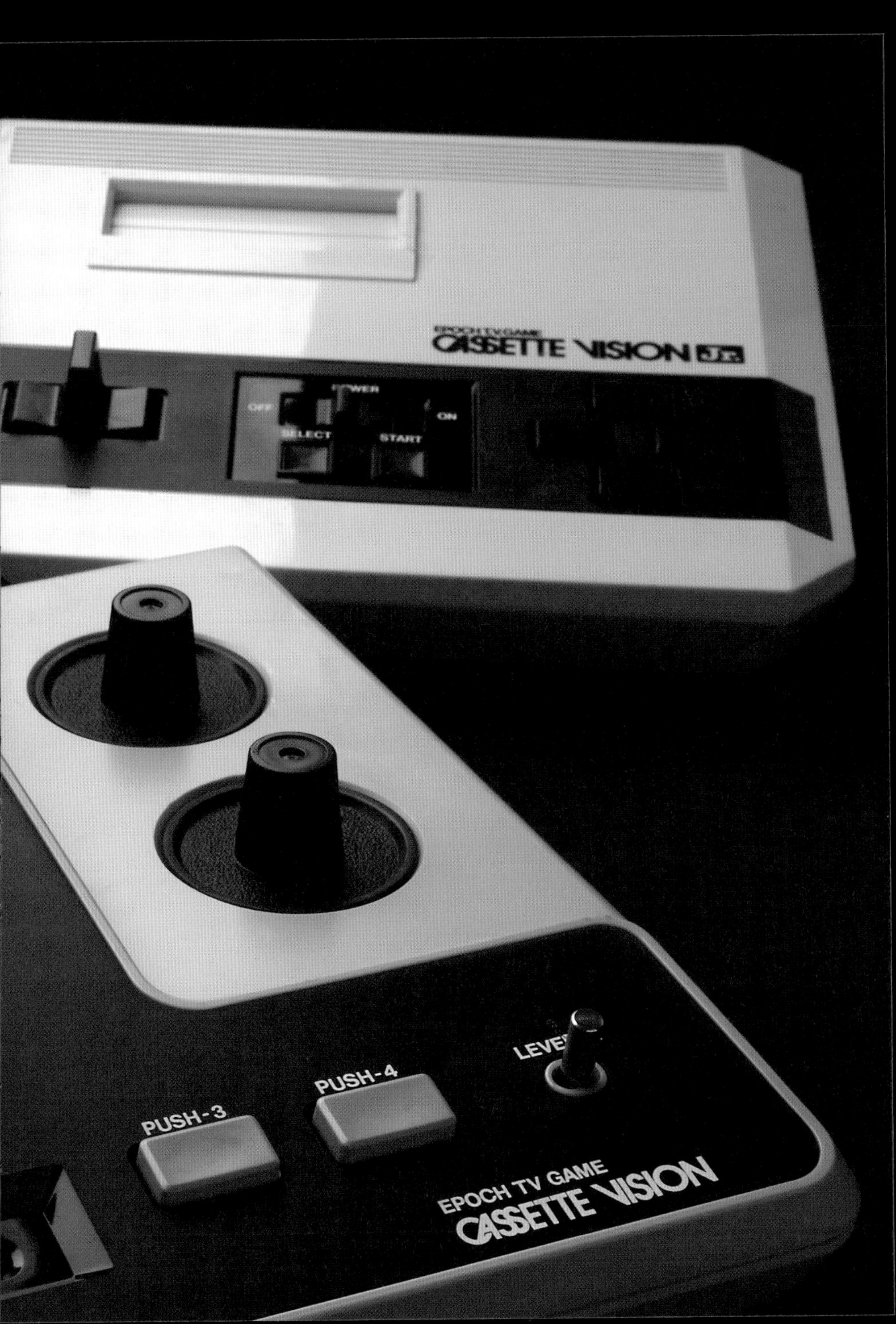

EPOCH TV GAME
CASSETTE VISION Jr.
POWER
OFF
ON
SELECT
START
PUSH-3
PUSH-4
EPOCH TV GAME
CASSETTE VISION

カセットビジョン

● 発売時期：1981年　● メーカー：エポック社
● 当時の価格：13,500円

カセットを入れ替えて遊ぶスタイルを日本で定着させたマシン。本体にはパドルやレバーなど、様々なゲームに対応したコントローラーを搭載。『きこりの与作』など11本のバラエティ豊かなソフトに恵まれ、「ファミコン」以前のカセット方式としては最も普及した。別売りの光線銃もある。

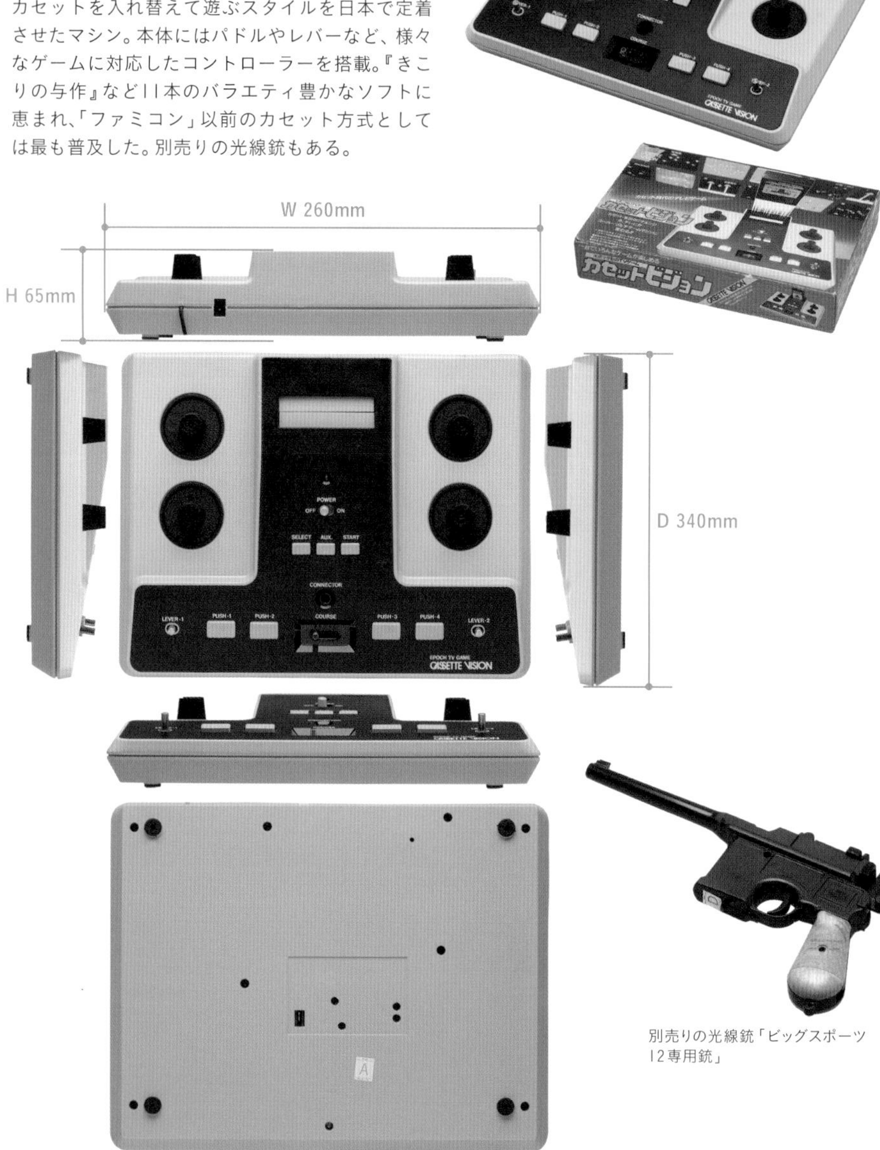

別売りの光線銃「ビッグスポーツ12専用銃」

カセットビジョン Jr.

● 発売時期：1983年　● メーカー：エポック社
● 当時の価格：5,000円

「カセットビジョン」の廉価版。当時のカセット交換式ゲーム機としては最も安価だった。操作性は向上したが、ダイヤルコントローラーが削除されたため『ベースボール』や『ビッグスポーツ12』など一部のソフトが使用できなかった。

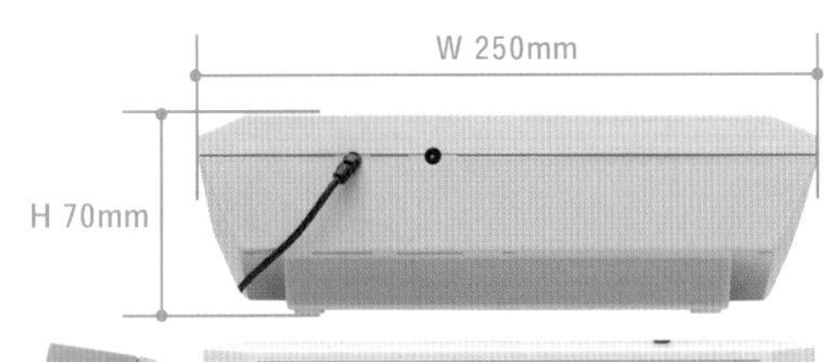

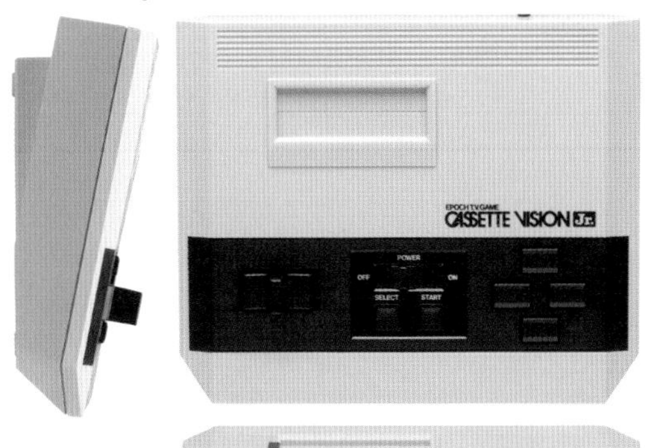

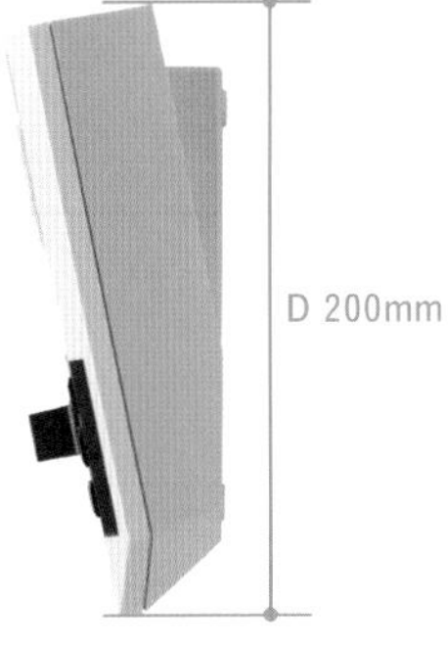

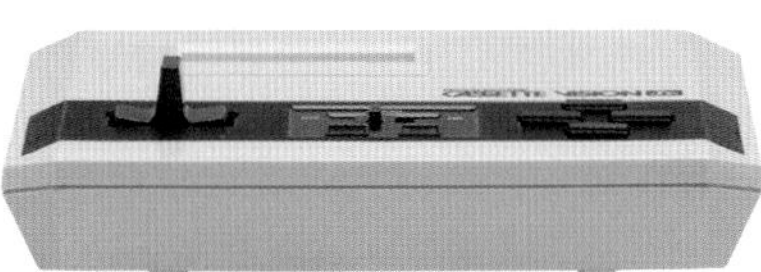

カセットビジョンのゲームソフト

きこりの与作

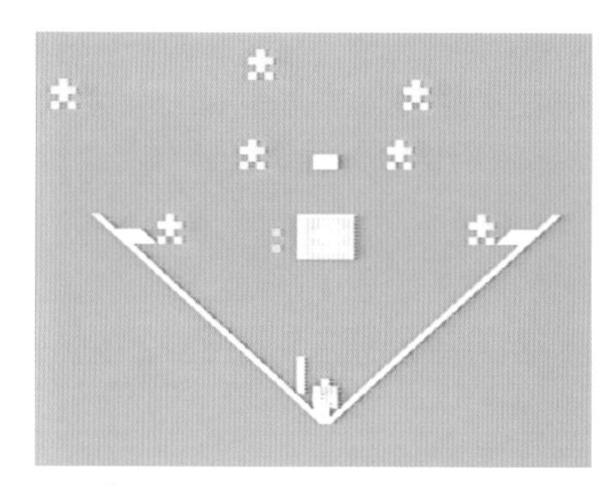

ベースボール

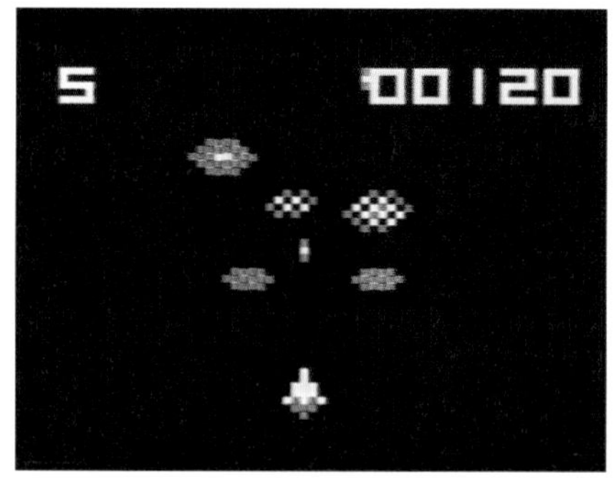

ギャラクシアン

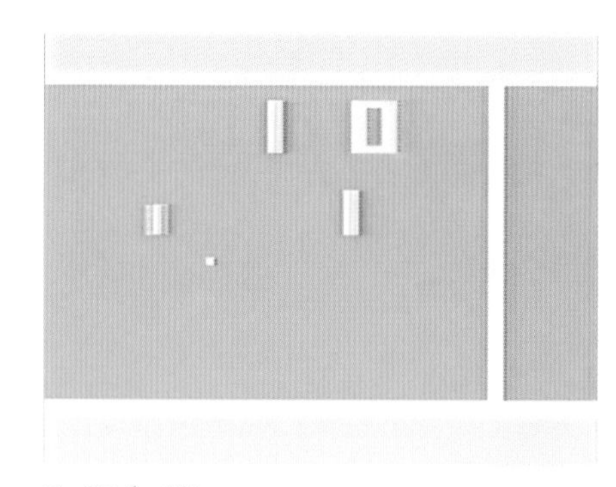

ビッグスポーツ12

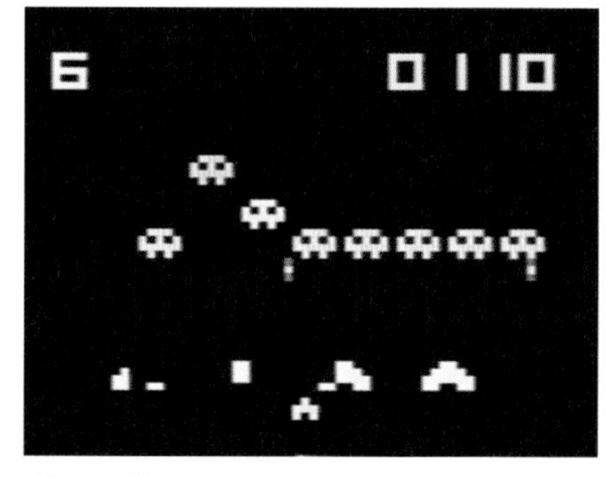

バトルベーダー

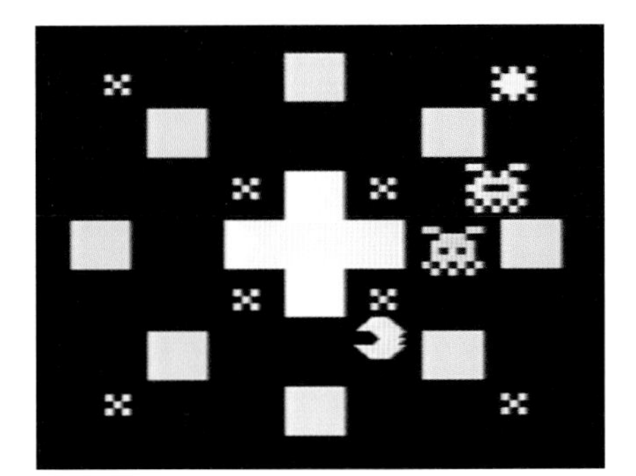

パクパクモンスター

ニューベースボール

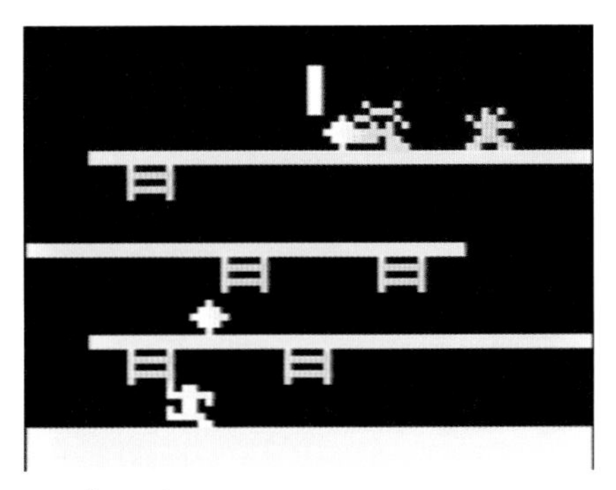

モンスターマンション

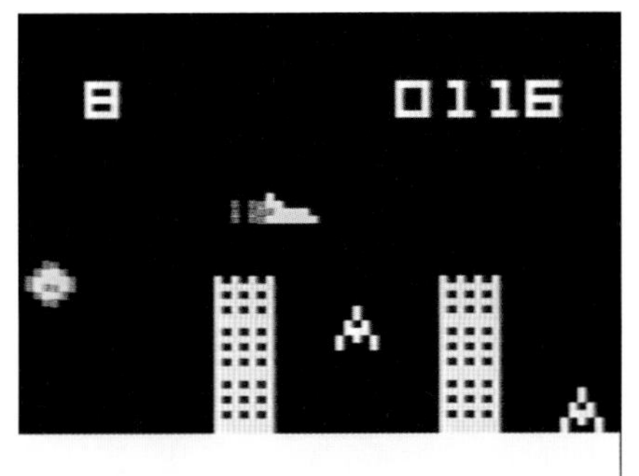

アストロコマンド

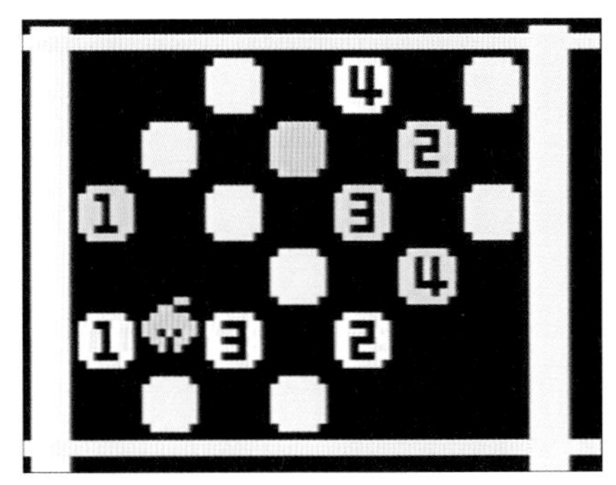

モンスターブロック

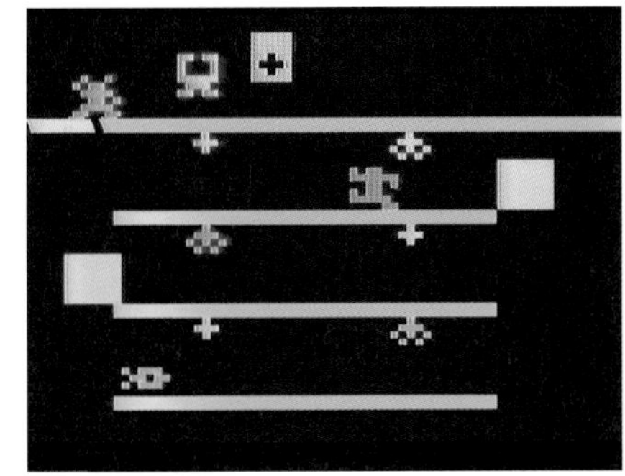

エレベーターパニック

ODYSSEY2

NUMERIC
2
3
4
5
6
7
8
9
CLEAR
NO
YES
=
÷
x
–
ALPHA
Y
T
R
E
W
Q
G
F
D
S
C

オデッセイ²

- 発売時期：1982年
- メーカー：コートン・トレーディング／Philips
- 当時の価格：49,800円

世界初の家庭用ゲーム機「ODYSSEY」の名を受け継いだ2代目。キーボードを標準で装備し、50種類近い豊富なソフトを取り揃えて登場。なかにはキーボードにボードゲームシートを被せて遊ぶRPGもあった。カートリッジには取っ手がつき、抜き挿ししやすいように工夫されている。

オデッセイ²のゲームソフト

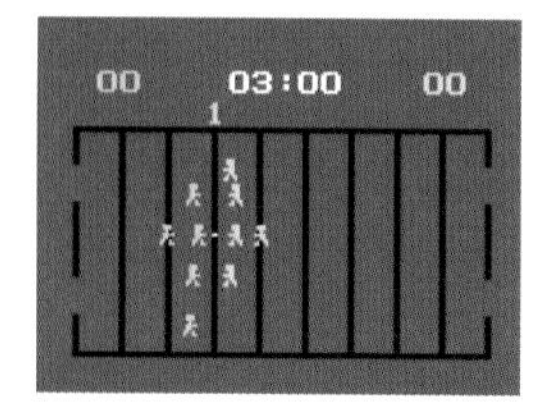

フットボール

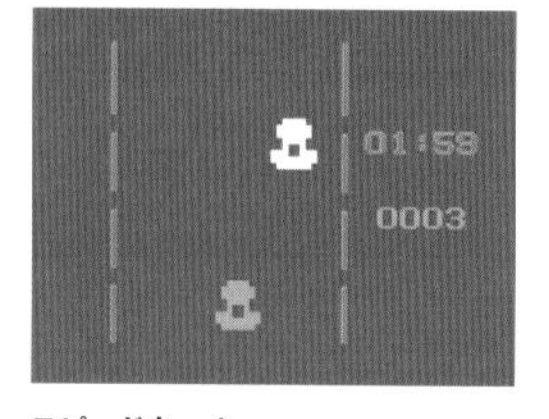

スピードウェイ

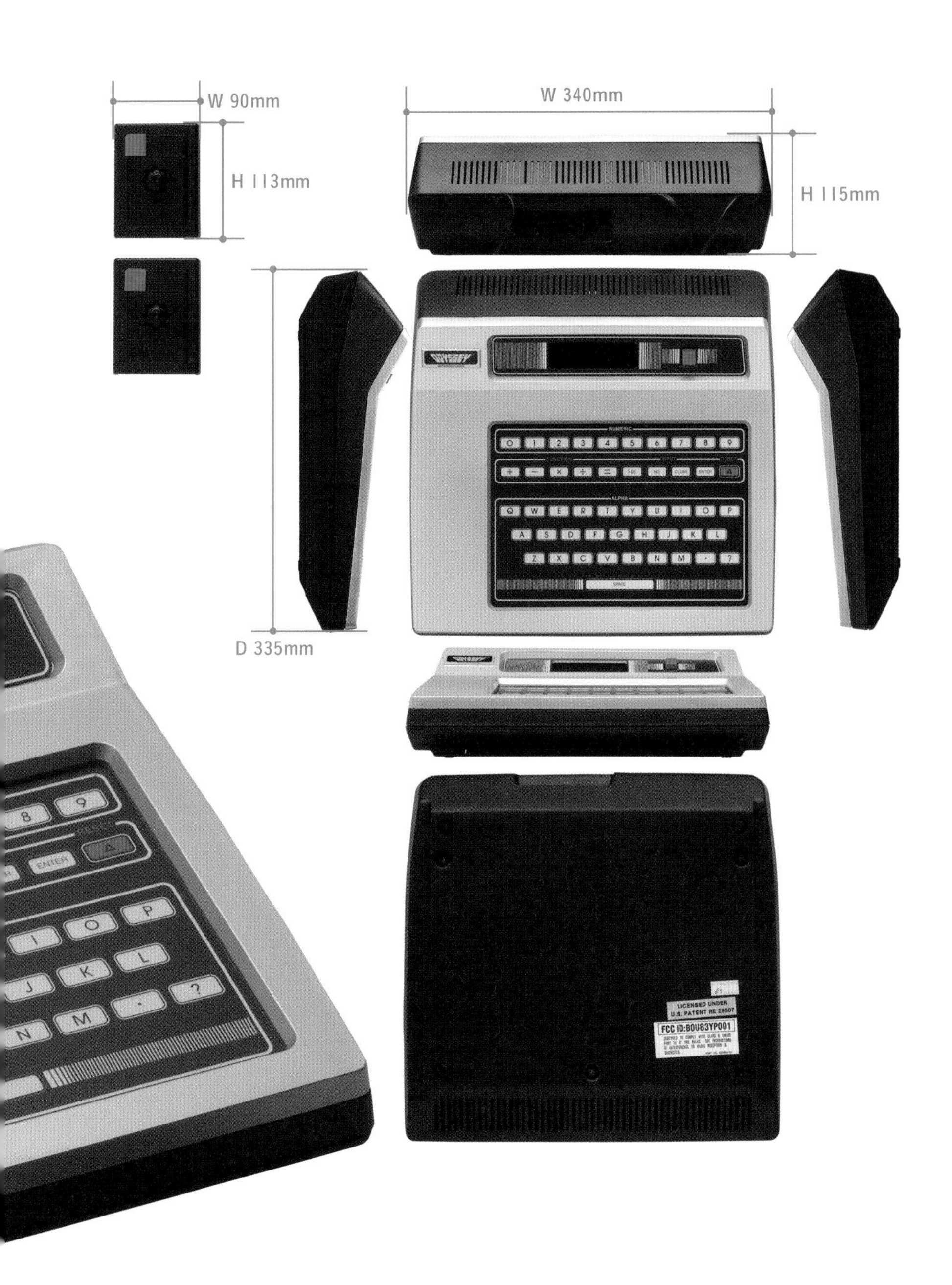

W 90mm
H 113mm
W 340mm
H 115mm
D 335mm

INTELLIVISION

clear
7
0

インテレビジョン

● 発売時期：1982年　● メーカー：バンダイ／Mattel
● 当時の価格：49,800円

米玩具メーカーのMattel社が開発。高級感ある本体には、家庭用ゲーム機初といわれる16ビットCPUを搭載。コントローラーのテンキー部分には、ゲームに応じたシートを被せて遊ぶ。ビートたけしを起用して積極的に宣伝されたが、翌年には低価格マシン「アルカディア」にシフト。

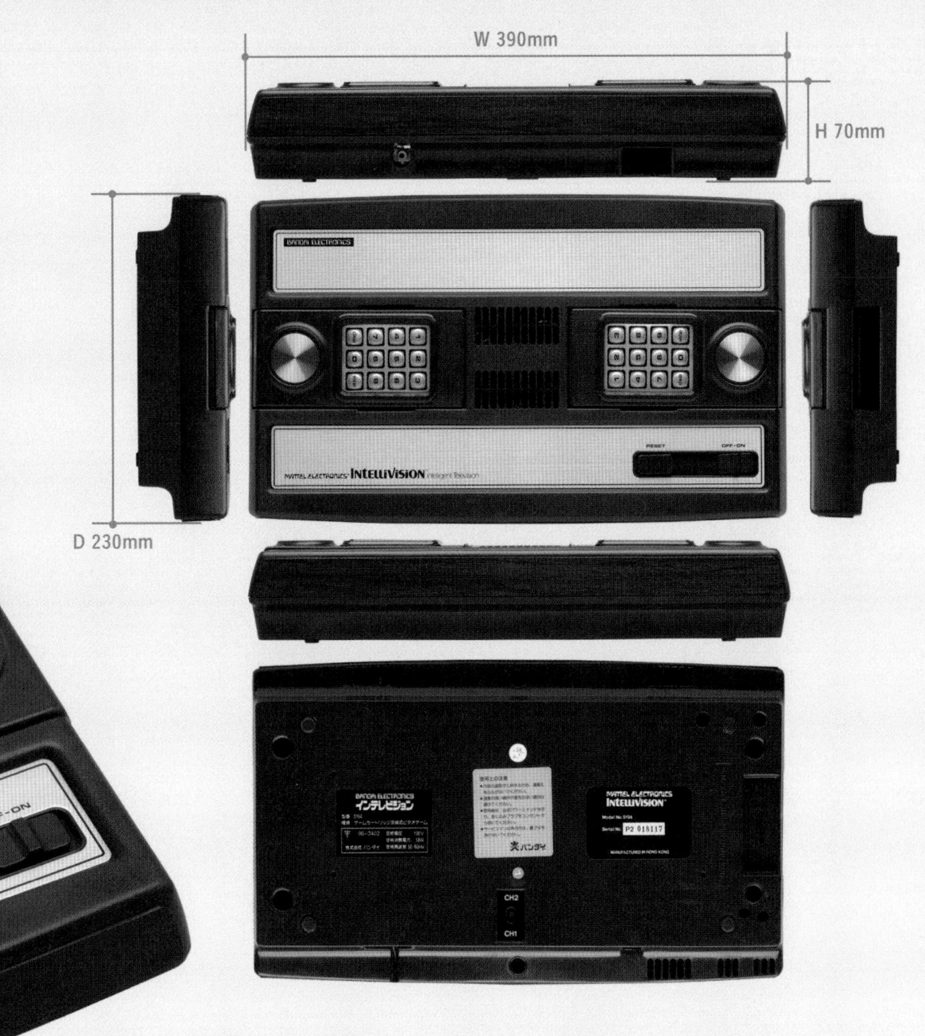

インテレビジョンのゲームソフト

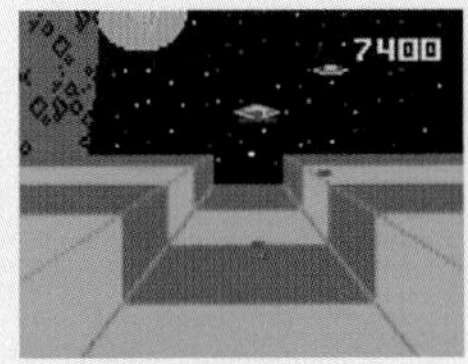

スターストライク

テニス

CREATI VISION

クリエイトビジョン

● 発売時期：1982年　● メーカー：チェリコ
● 当時の価格：54,800円

米沢玩具の子会社・チェリコが香港のVTECH（ヴイテック）社から取り寄せたマシン。「ホームビデオ＆コンピューターシステム」と銘打って、PCにもなることを全面的にアピールしていた。コントローラーを本体に収納することで、キーボードに変身。対応ソフトは国内で11本程度。

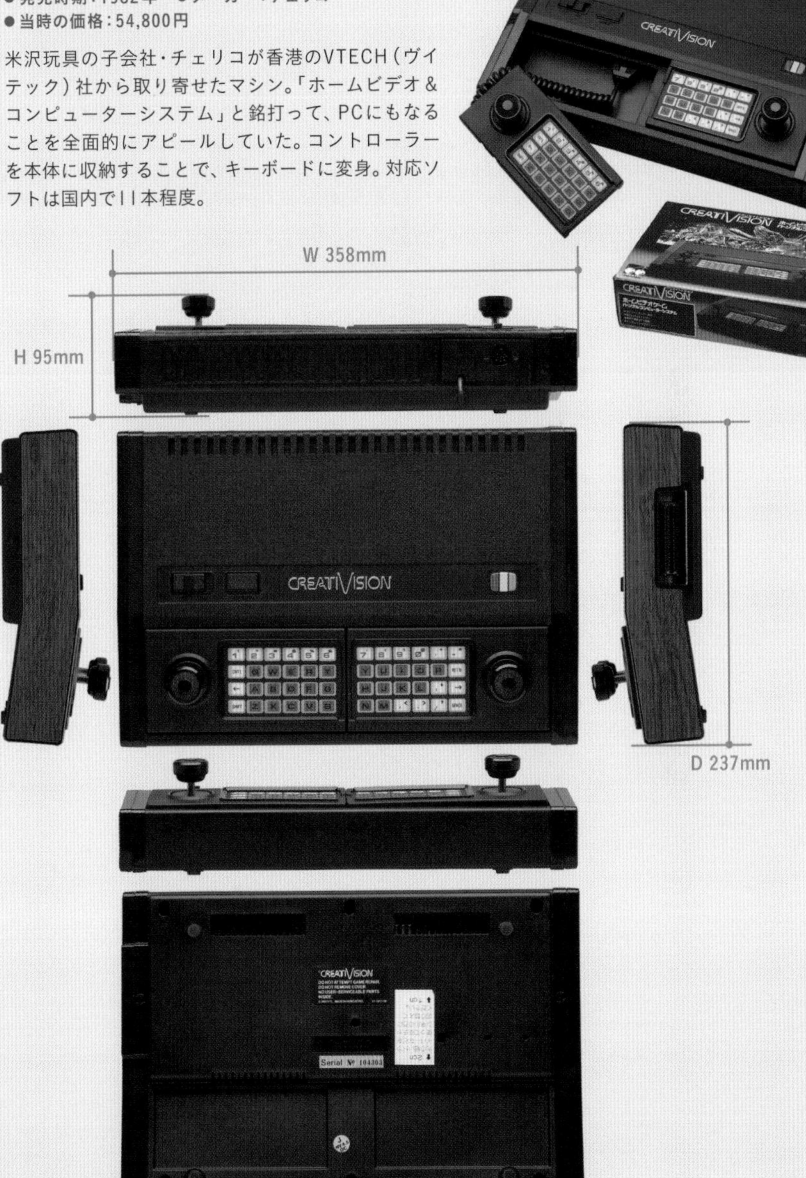

クリエイトビジョンのゲームソフト

ポリスジャンプ

ソニックインベーダー

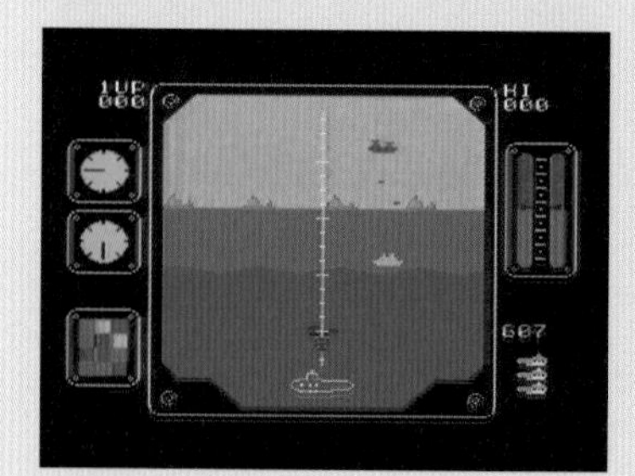

サブマリン

クレイジーパック

どれが得意か。スーパーゲーム、8種類。

8種類のゲームカートリッジはどれもスリルあふれるエキサイティングゲームが楽しめます。コンピューターと戦う1人用から仲間と勝負する2人〜4人用まで。ゲームの種類は、これからどんどん増え続けます。

各￥5,800

G－1　テニス

サーブだ！スマッシュだ！

サーブ、リターン、スマッシュなど実戦通りの試合運び。実戦通りのスコアー表示。すばやくボールに追いつかなければ負けてしまいます。ボールのスピードは2レベル。技量の差があるときは、どちらにもハンディキャップをつけることができます。1人〜2人用。16ゲーム内蔵。

G－2　オートチェイス

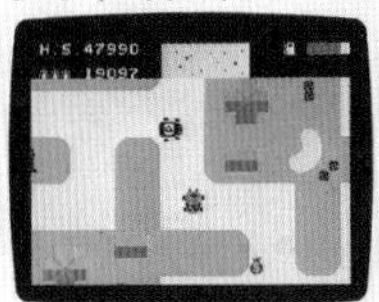

マネーバッグを集めろ！

市街地に展開する本格的オートチェイス。モニタースクリーンを使って、10個のマネーバッグを集めよう。シークレットポリスカーが突進してくる。ガソリンはだんだん少なくなる。トラブルの危険がいっぱい。毒ガスをまいて敵をやっつけることができます。1人〜2人用。8ゲーム内蔵。

G－3　クレージーパック

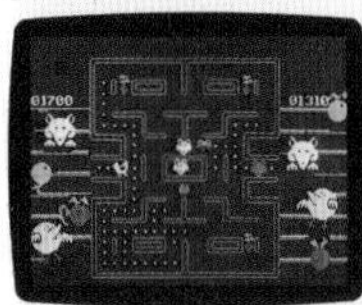

ニワトリに卵をうませよう！

迷路の中をニワトリが歩く。どんどん卵をうんでいく。でもご用心。きつねがニワトリを狙っている。秘密のトンネルを使ってうまく逃げよう。魔法のにんじんをたべればきつねを攻撃できる。ウルトラオレンジをたべれば高得点につながります。1人、2人、4人用。32ゲーム内蔵。

G－4　ポリスジャンプ

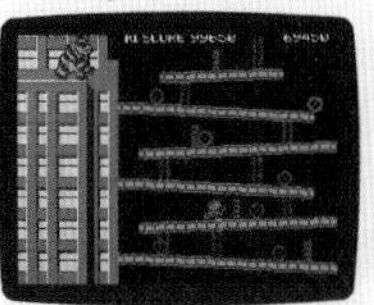

悪漢"ダン"をつかまえろ！

かわいい女の子を誘拐して高層ビルに逃げこんだ悪漢"ダン"を逮捕しよう。最初の5階ではタイヤが、次の10階では竜巻が襲ってくる。最後の5階は通路の連結をはずしてゆかなければならない。最上階まで昇って見事に逮捕すると女の子からキスがもらえます。1人〜2人用。16ゲーム内蔵。

G－5　地球防衛軍

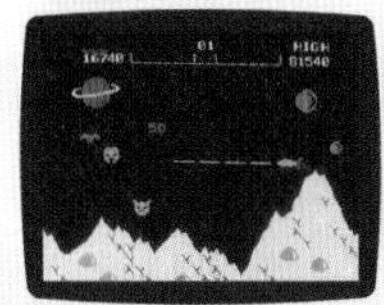

スペースソナーで地球を守れ！

銀河のかなたから地球に攻めてくるエイリアン。ハイパースペースクルーザーで撃退しよう。エイリアンはスクリーンの外で攻撃にそなえている。新開発のスペースソナーでエイリアンを発見。事前に攻撃を予知したり、待ちぶせをすることができます。1人〜2人用。8ゲーム内蔵。

G－6　タンクバトル

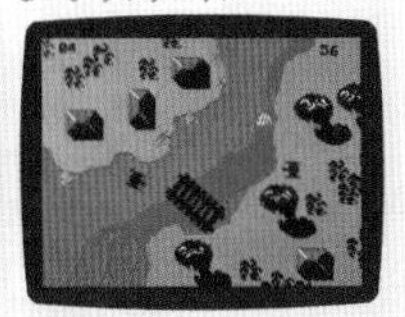

敵の戦車を爆破せよ！

川をはさんで向いあう2つの戦車部隊。君は敵の戦車に砲弾を打ちこんで爆破させよう。敵は君の戦車の進路に地雷をセットしているから要注意だ。逆に敵の進路を予測して地雷をセットすることもできる。実際の戦場のような緊迫感を味わうことができます。2人用。15ゲーム内蔵。

G－7　ソニックインベーダー

インベーダーに負けるな！

君の惑星に侵略してくるインベーダーの大群。惑星を守るために撃退しよう。時間内に全て撃退できないと、ビルは食べつくされ、インベーダーは地表に接近。4つの基地が全て破壊されるか、インベーダーが地表に達したらゲーム終了です。1人、2人、4人用。16ゲーム内蔵。

G－8　サブマリン

潜望鏡で敵機・敵艦を撃て！

敵の海域深くで原子力潜水艦を操縦しよう。空からは空軍が爆弾で、海上と海中からは海軍が爆雷で原子力潜水艦を攻撃してくる。素早く動いて攻撃を回避。すかさず反撃。潜望鏡の照準を合わせてねらい打ち。敵の攻撃を受けなければ、いつまでも生き残れます。1人〜2人用。10ゲーム内蔵。

クリエイトビジョンのリーフレット

DYNAVISION

CRAZY CLIMBER
CARTRIDGE NO
MG-325
POWER INDICATOR
Video Computer Game
by DYNAVISION
CLEAR
* Replace inlays when playing the cartridge !

ダイナビジョン

- 発売時期：1982年　● メーカー：朝日通商
- 当時の価格：49,800円

香港の電機メーカーが手がけたゲーム機。パッケージはオリジナルだが、中身は世界の各地域で販売された互換機。国内では同型機が「エクセラ」（P.I.C）という名で販売されたという記録も残っている。コントローラーのテンキー部分には、ゲームに応じたシートを被せて遊ぶ。

ダイナビジョンのゲームソフト

クレイジークライマー

ARCADIA

POWER ON
START
POWER
BANDAI ELECTRONICS
ARCADIA
1
2
3
4
5
6
7
8
9
clear
0
enter

アルカディア

● 発売時期：1983年　● メーカー：バンダイ
● 当時の価格：19,800円

全世界で販売された同一システムの互換機のひとつ。コントローラーにはレバーやゲームに応じたシートを装着できる。高価だった「インテレビジョン」の反省から、小学生の子供たち向けに低価格で販売。ガンダムやドラえもんなど自前のキャラクターゲームもあった。

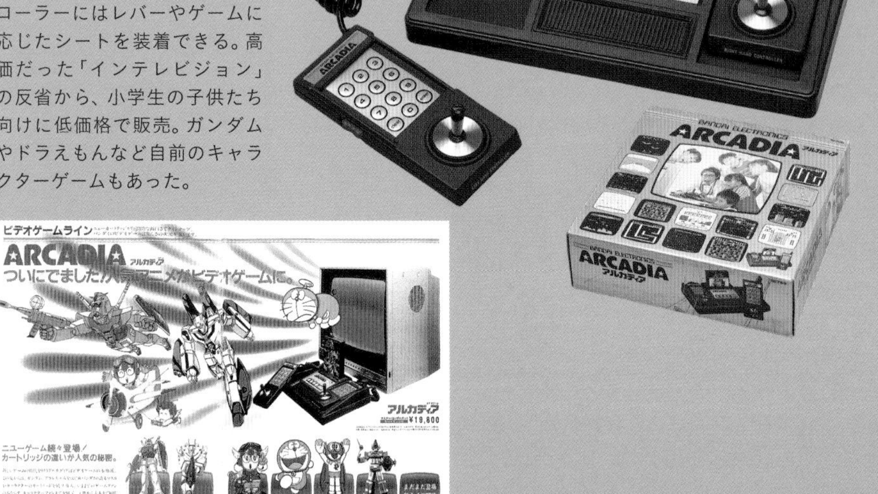

アルカディアの広告（「トイジャーナル」1983年6月）

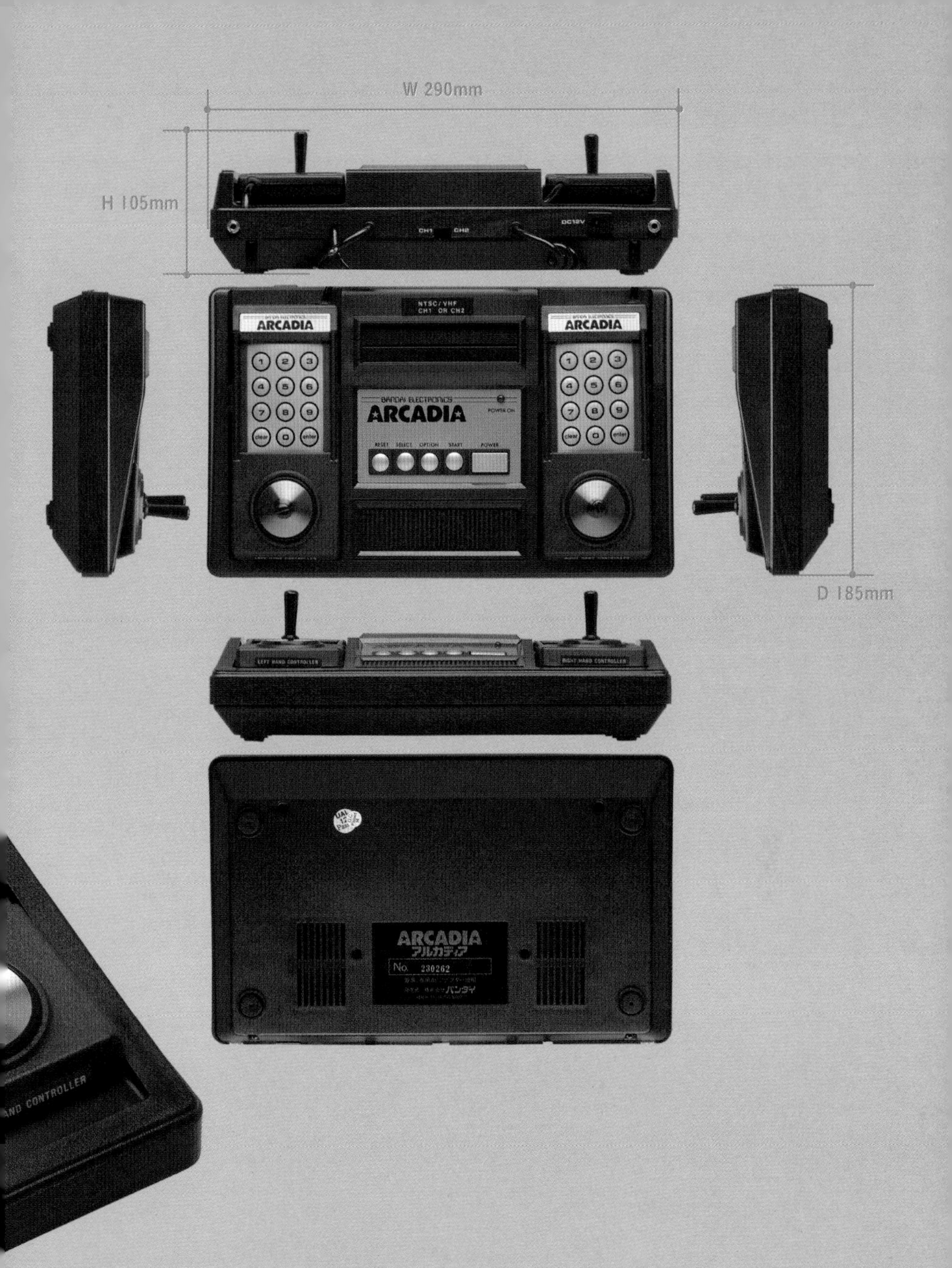
W 290mm
H 105mm
D 185mm
DC12V
CH1 CH2
NTSC/VHF
CH1 OR CH2
ARCADIA
ARCADIA
ARCADIA
RESET SELECT OPTION START POWER
LEFT HAND CONTROLLER
RIGHT HAND CONTROLLER
ARCADIA
アルカディア
No. 230262
バンダイ
AND CONTROLLER

アルカディアのゲームソフト

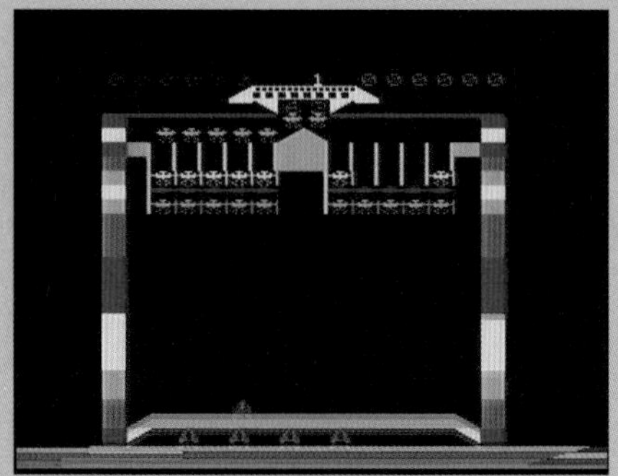

ASTRO INVADER

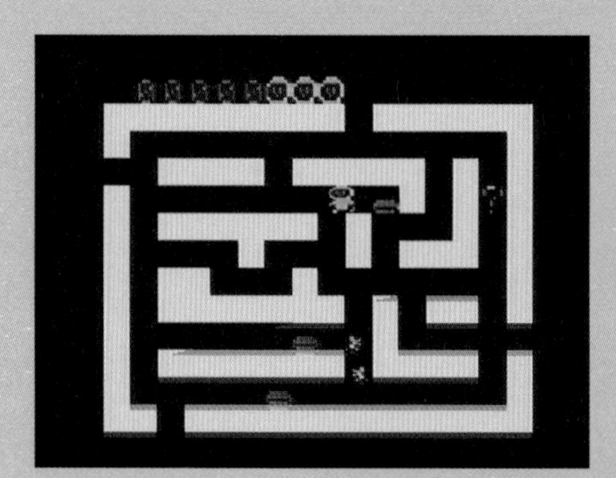

ドラえもん

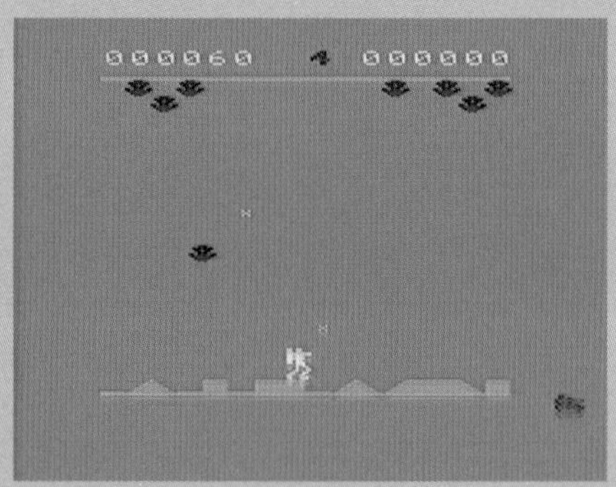

機動戦士ガンダム

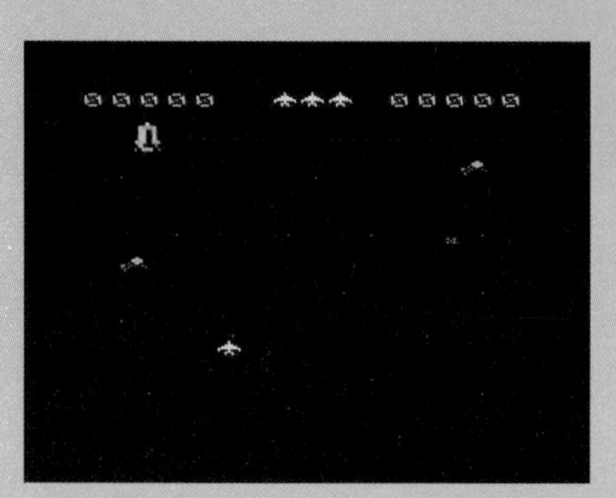

超時空要塞マクロス

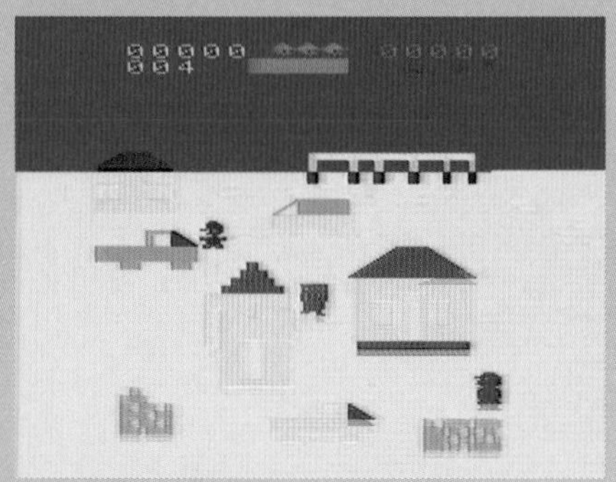

Dr.スランプ

機動戦士
ガンダム
BANDAI ELECTRONICS
ARCADIA
POWER ON
POWER
RESET
SELECT
OPTION
START
enter
LEFT HAND CONTROLLER

ATARI2800

B-NOVICE
RESET

ATARI2800

- 発売時期：1983年
- メーカー：アタリ・インターナショナル・ニッポン・インク日本支社／ATARI
- 当時の価格：24,800円

「Atari2600」を日本向けにアレンジしたマシン。コントローラーは、パドルとレバーが一体化したものを採用。『E.T』や『レイダース』など当時の人気映画を含めた25本のゲームソフトを同時発売し、テレビCMで大々的に宣伝。当時、唯一『ポールポジション』が遊べた。

ATARI2800のゲームソフト

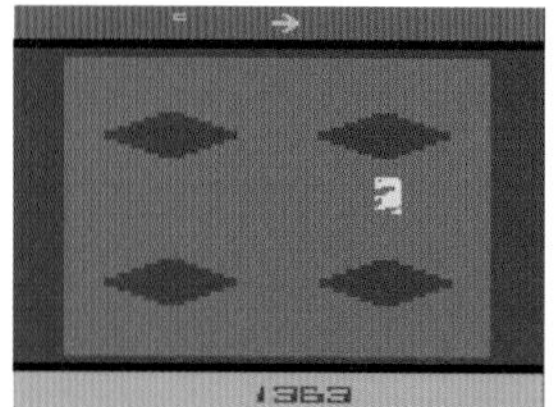

E.T.

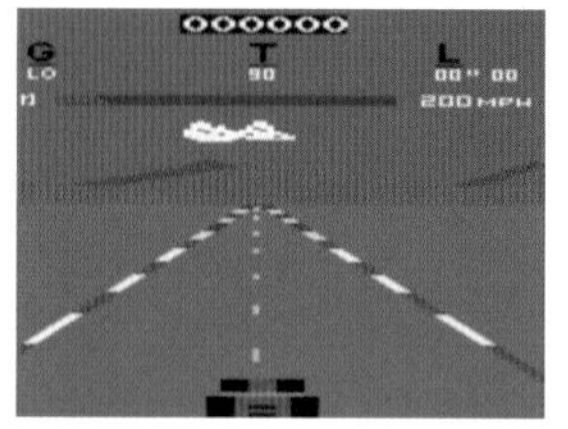

ポールポジション

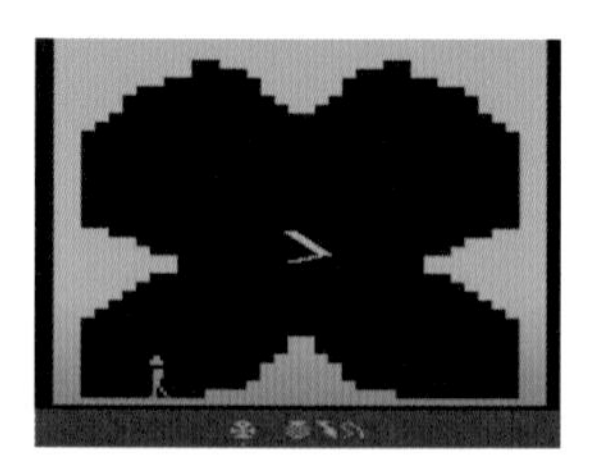

レイダース

ATARI2800のリーフレット

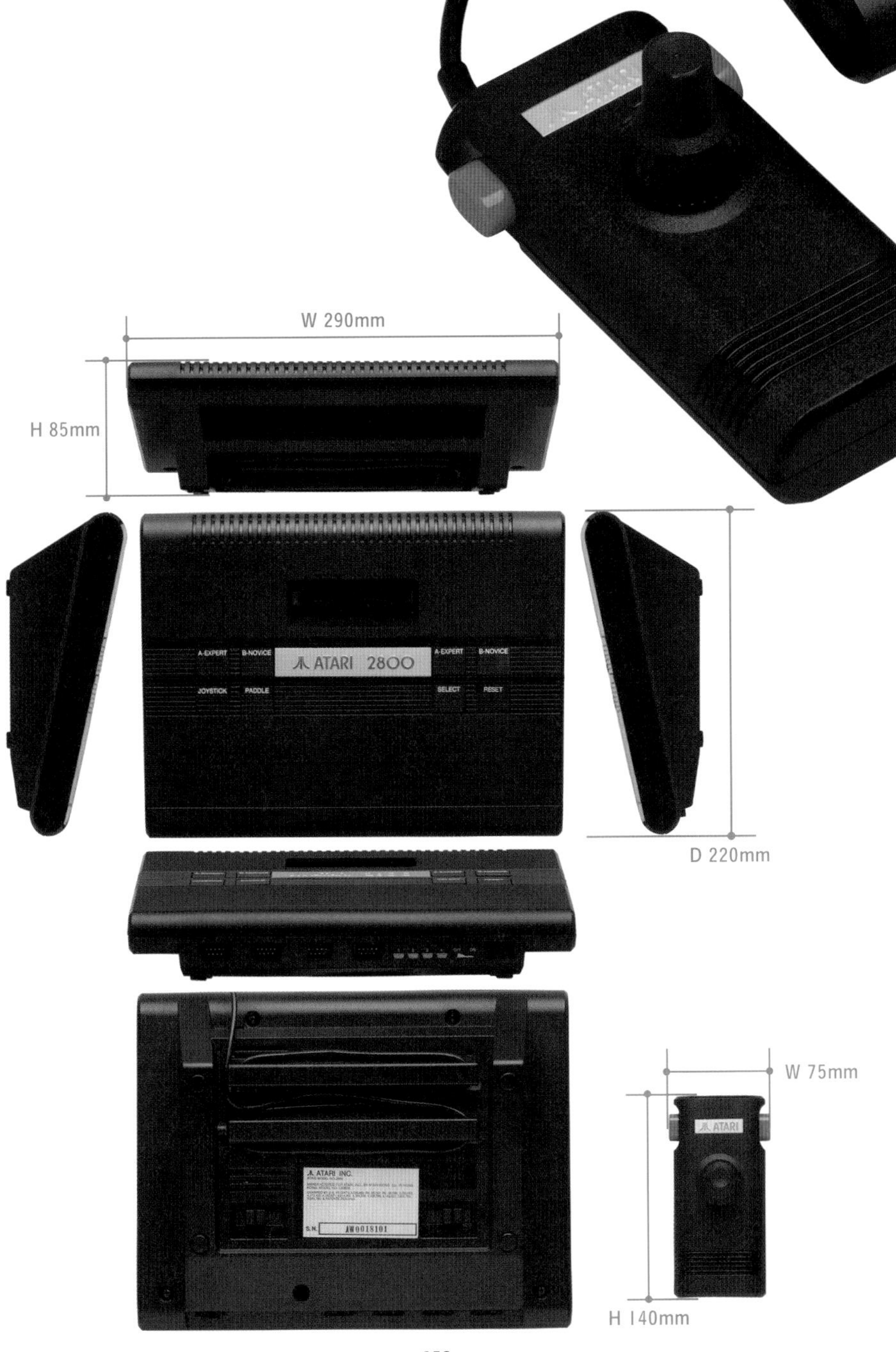
W 290mm
H 85mm
A-EXPERT
B-NOVICE
ATARI 2800
A-EXPERT
B-NOVICE
JOYSTICK
PADDLE
SELECT
RESET
D 220mm
ATARI INC.
S.N.
AW0018101
W 75mm
ATARI
H 140mm

SG-1000/
SG-1000 II

SG-1000Ⅱ

SG-1000

● 発売時期：1983年　● メーカー：セガ
● 当時の価格：15,000円

セガ初の家庭用ゲームに特化したマシン。同社のゲームパソコン「SC-3000」からキーボード部分を省略したもので、セガの業務用ヒット作を多く移植。コントローラーが本体に直付けされているが、追加も可能。「ファミコン」と同じ日に発売され、初年度で16万台程度を販売したという。

初期型

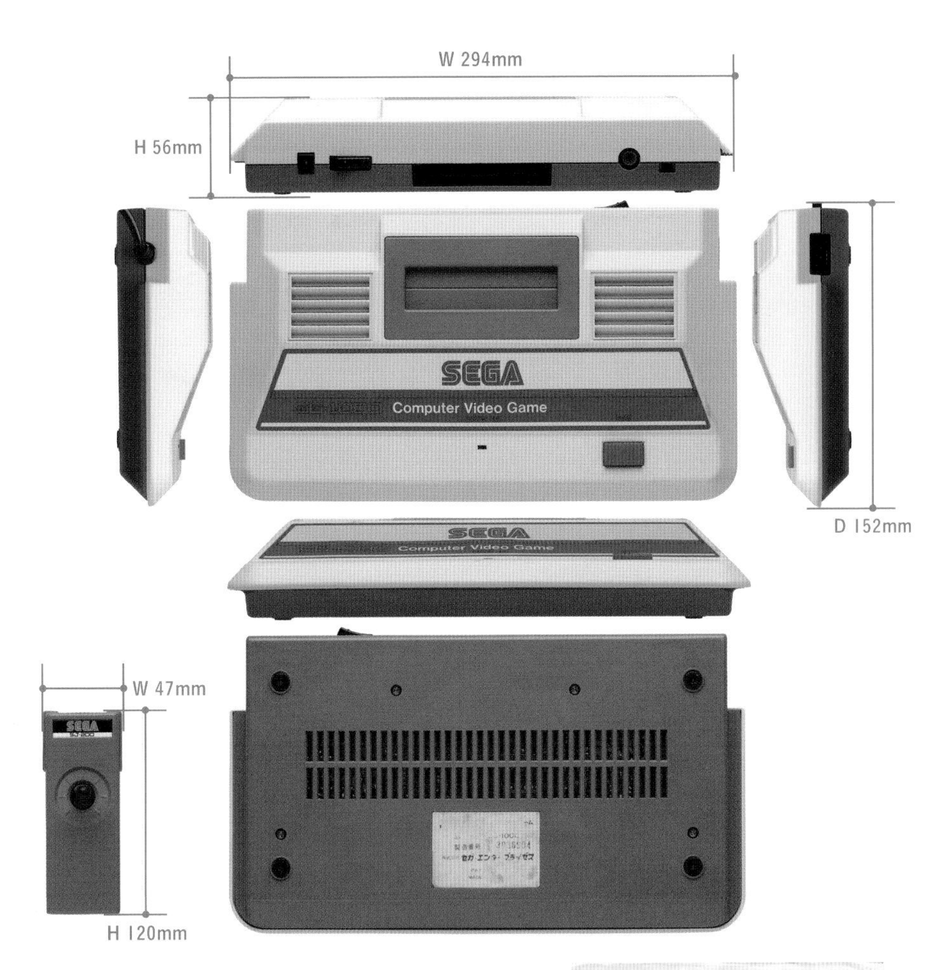
W 294mm
H 56mm
SEGA
Computer Video Game
D 152mm
W 47mm
H 120mm

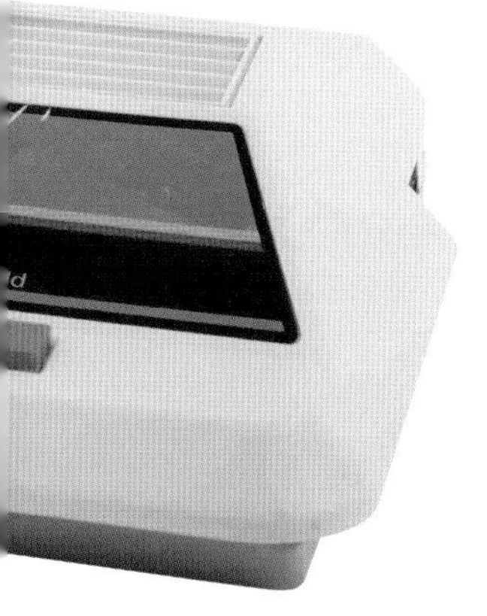

SEGA
コンピュータビデオゲーム
SG-1000
¥15,000
(本体標準価格 ゲームソフト別売)
みなさま、
おさそいあわせの上、
お楽しみください。
新
発
売

SG-1000のチラシ

SG-1000 II

● 発売時期：1984年　● メーカー：セガ
● 当時の価格：15,000円

「SG-1000」のマイナーチェンジ版。本体デザインが変更され、レバーを取り外し可能な着脱式のジョイパッド2つを標準装備。性能的には「SG-1000」とほぼ変わりなく、ソフトや周辺機器もそのまま使用できる。

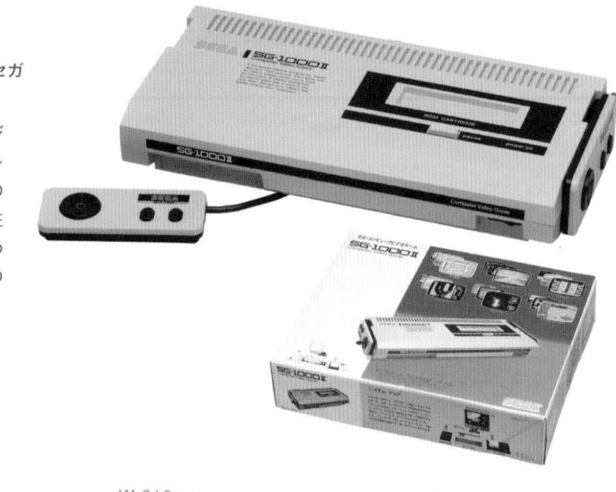

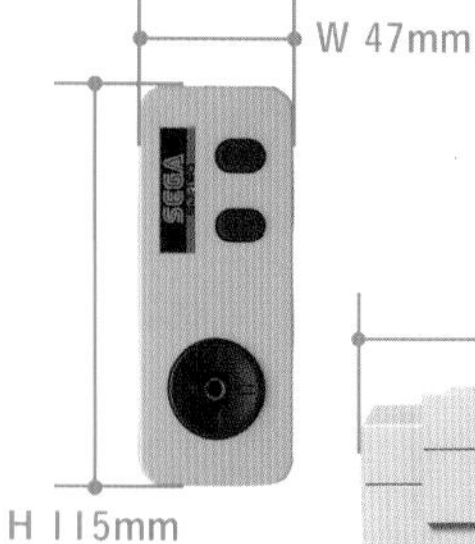

W 47mm

H 115mm

W 318mm

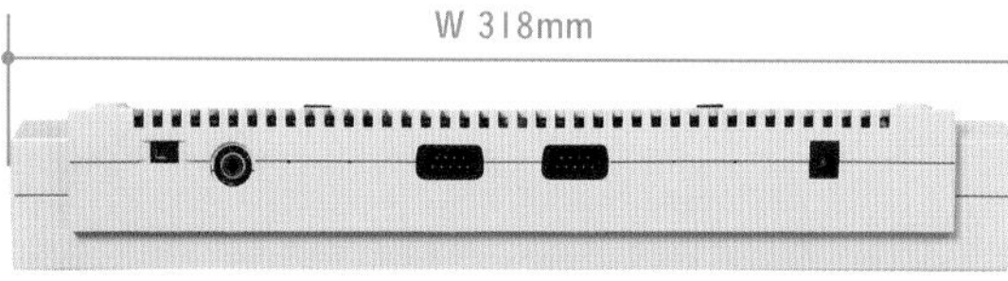

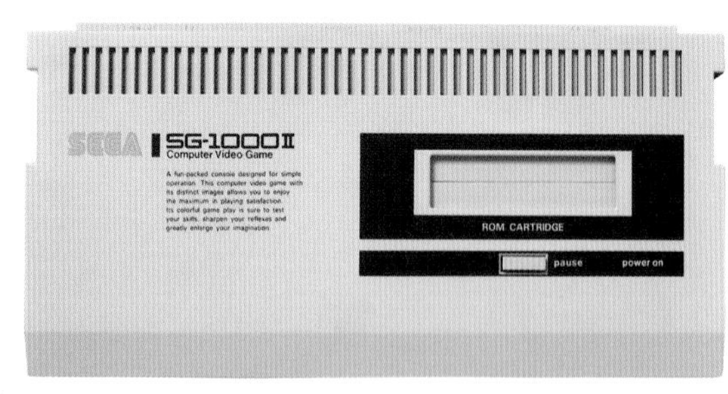

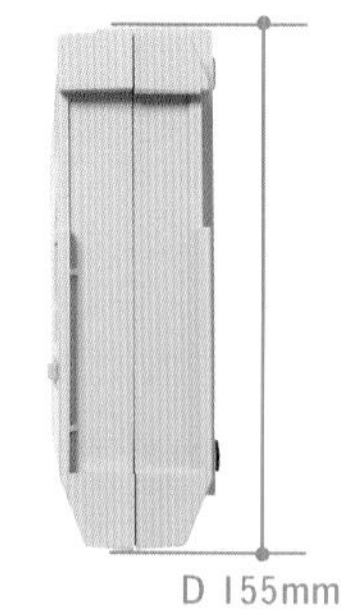

D 155mm

H 54mm

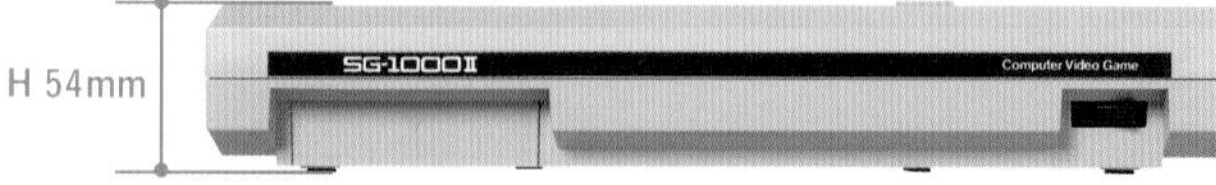

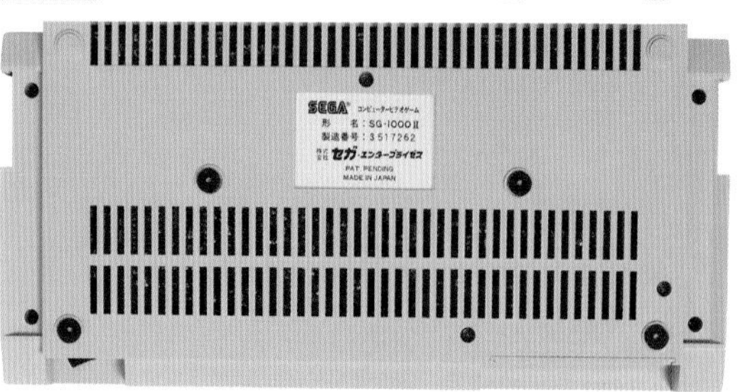

SG-1000のゲームソフト・周辺機器

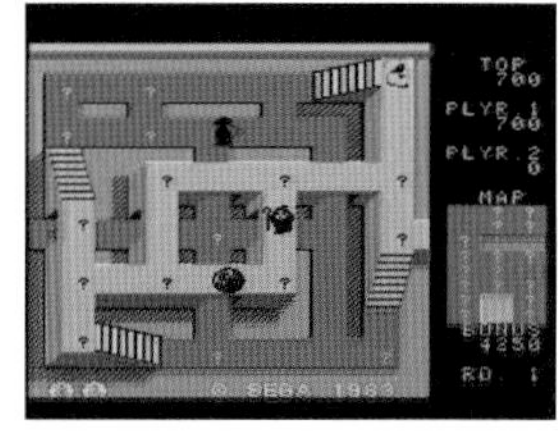

シンドバッドミステリー

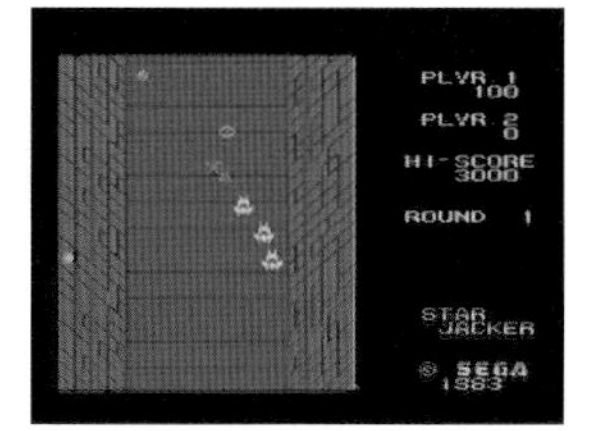

スタージャッカー

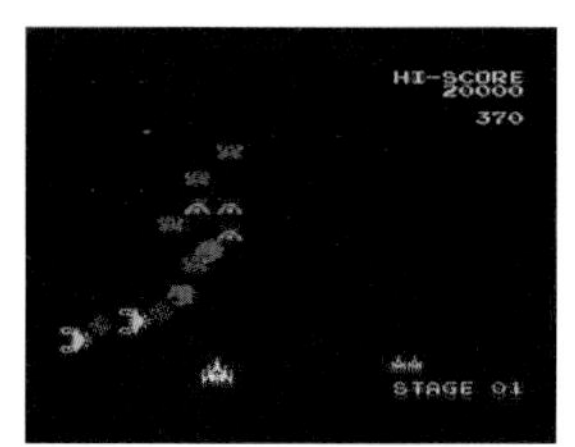

セガギャラガ

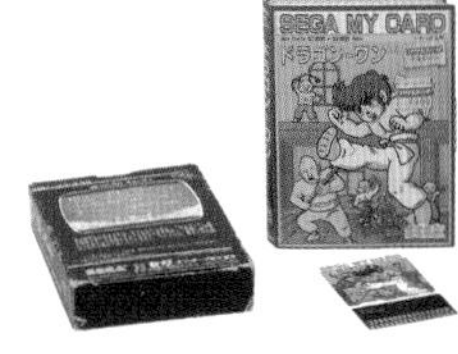

SK-1100

カードキャッチャー

ハンドルコントローラー

SG-1000IIのパンフレット

FAMILY COMPUTER/ DISK SYSTEM

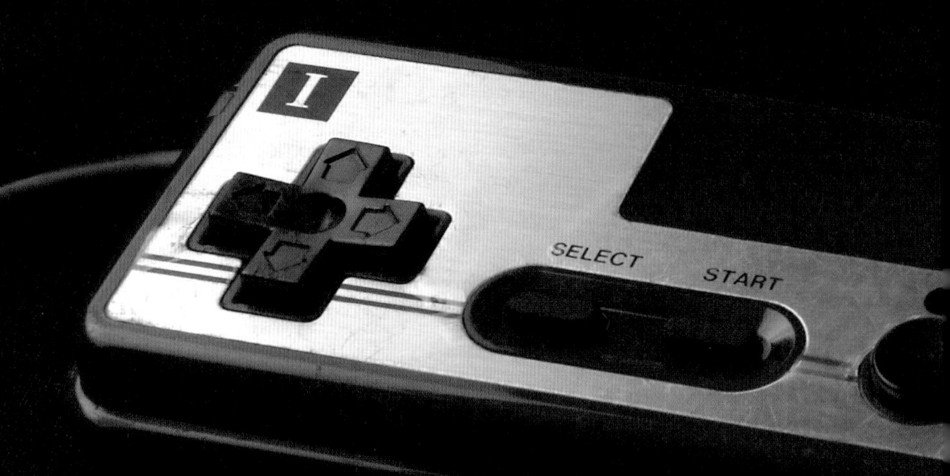

FAMILY COMPUTER™
POWER
II

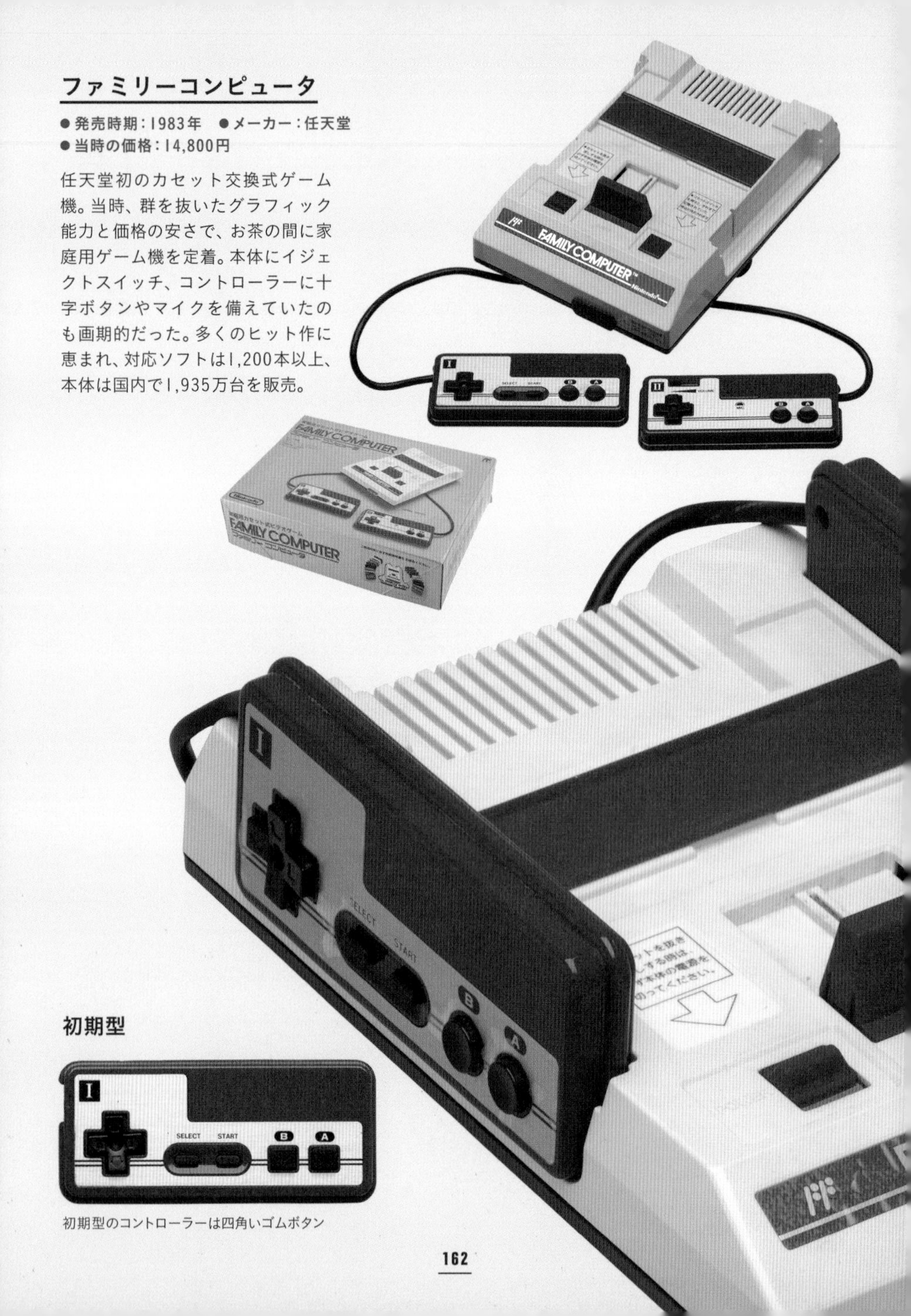

ファミリーコンピュータ

● 発売時期：1983年　● メーカー：任天堂
● 当時の価格：14,800円

任天堂初のカセット交換式ゲーム機。当時、群を抜いたグラフィック能力と価格の安さで、お茶の間に家庭用ゲーム機を定着。本体にイジェクトスイッチ、コントローラーに十字ボタンやマイクを備えていたのも画期的だった。多くのヒット作に恵まれ、対応ソフトは1,200本以上、本体は国内で1,935万台を販売。

初期型

初期型のコントローラーは四角いゴムボタン

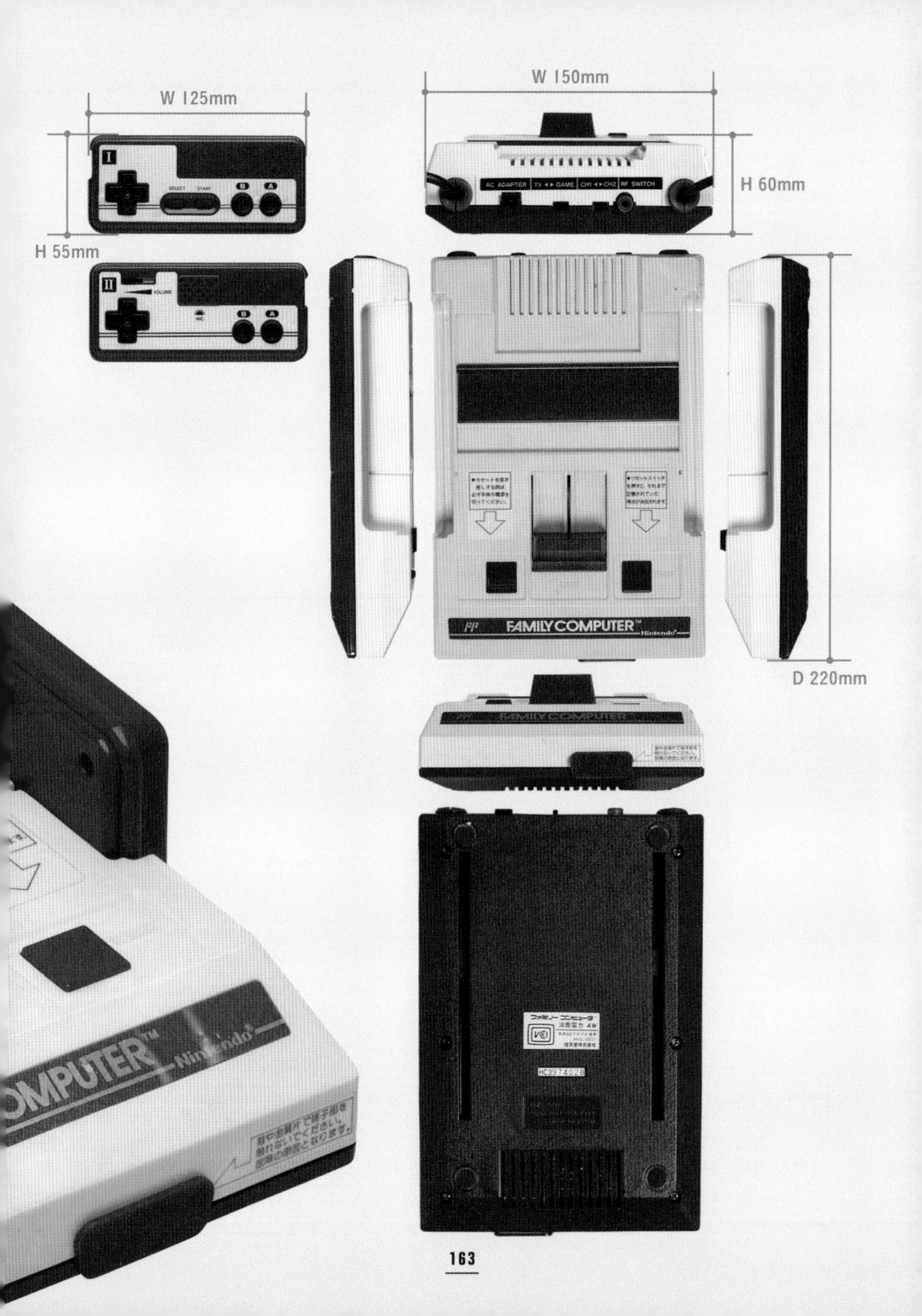

W 125mm
H 55mm
SELECT
START
B
A
VOLUME
MIC
W 150mm
H 60mm
AC ADAPTER
TV ◄► GAME
CH1 ◄► CH2
RF SWITCH
D 220mm
FAMILY COMPUTER™
Nintendo
HC3974028
COMPUTER™
Nintendo

ディスクシステム

- 発売時期：1986年
- メーカー：任天堂
- 当時の価格：15,000円

ファミコンの周辺機器でありながら、一大プラットフォームを築く。ソフトには磁気ディスクが採用され、カセットの約3倍の容量とセーブ機能を搭載。価格はカセットの半値程度だった。全国のお店に設置された「ディスクライター」によってわずか500円で別ゲームに書き換えできた。

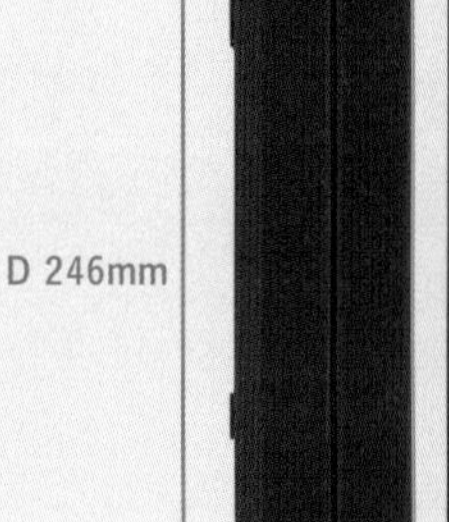

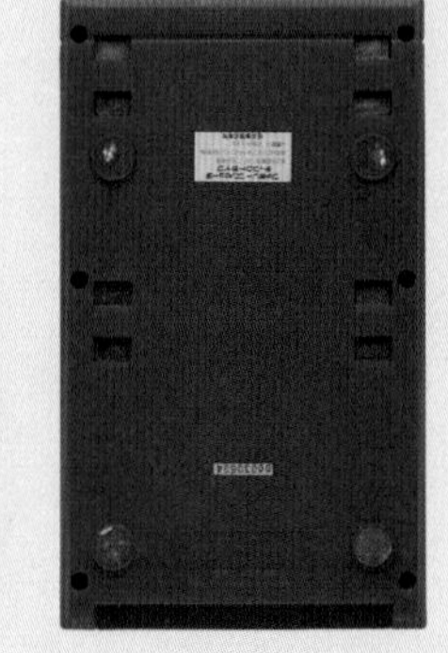

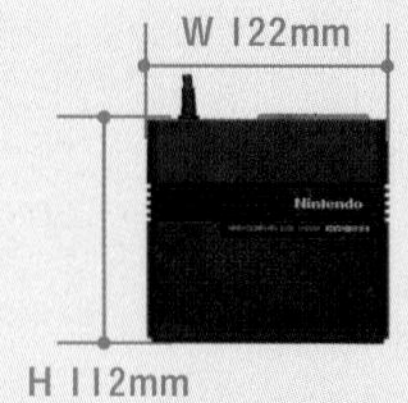

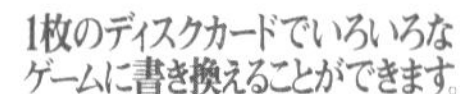
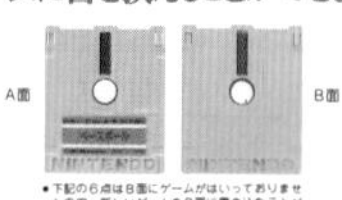

ディスクシステムのチラシ

FAMILY COMPUTER™
Nintendo
イジェクト
HVC-022
FAMILY COMPUTER DISK SYSTEM

ファミリーコンピュータのゲームソフト

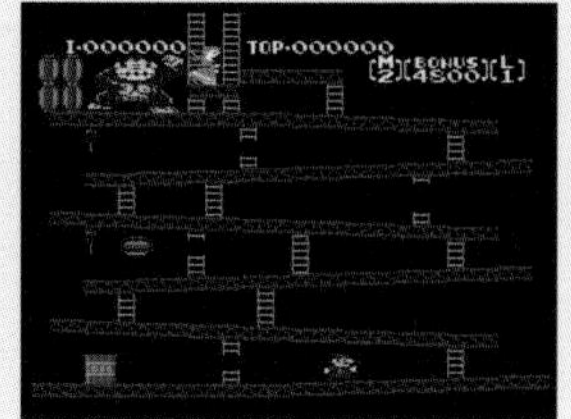

ドンキーコング

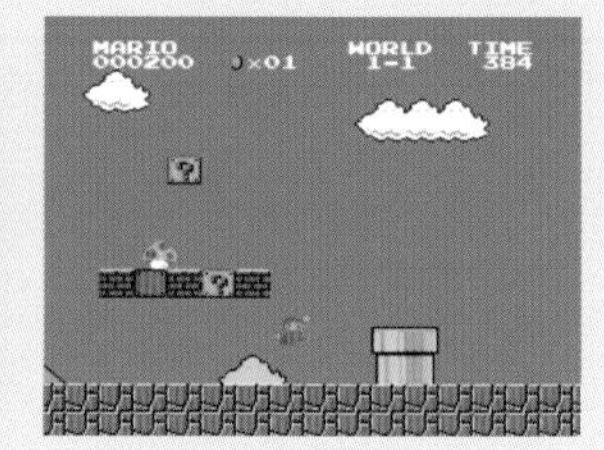

スーパーマリオブラザーズ

ゼビウス

ドラゴンクエストIII

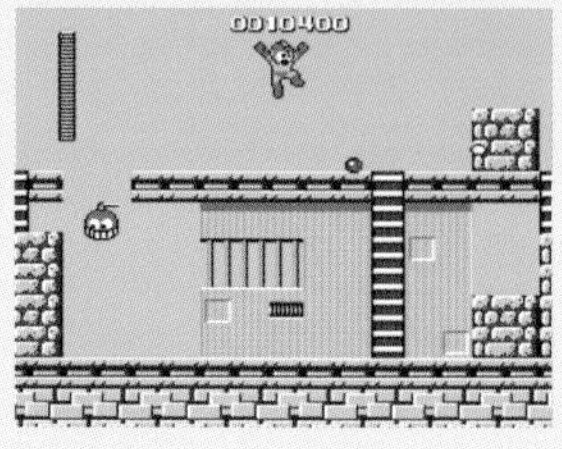

ロックマン

ディスクシステムのゲームソフト

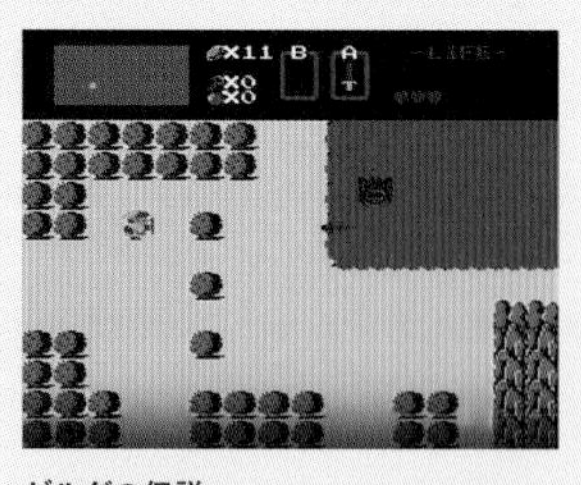

ゼルダの伝説

ゴルフJAPANコース

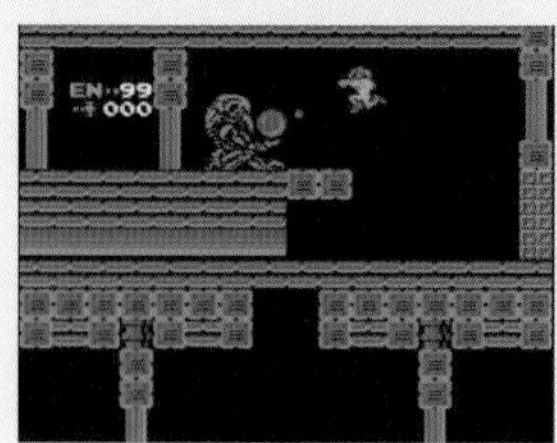

メトロイド

悪魔城ドラキュラ

ファミコン探偵倶楽部PARTII うしろに立つ少女

周辺機器

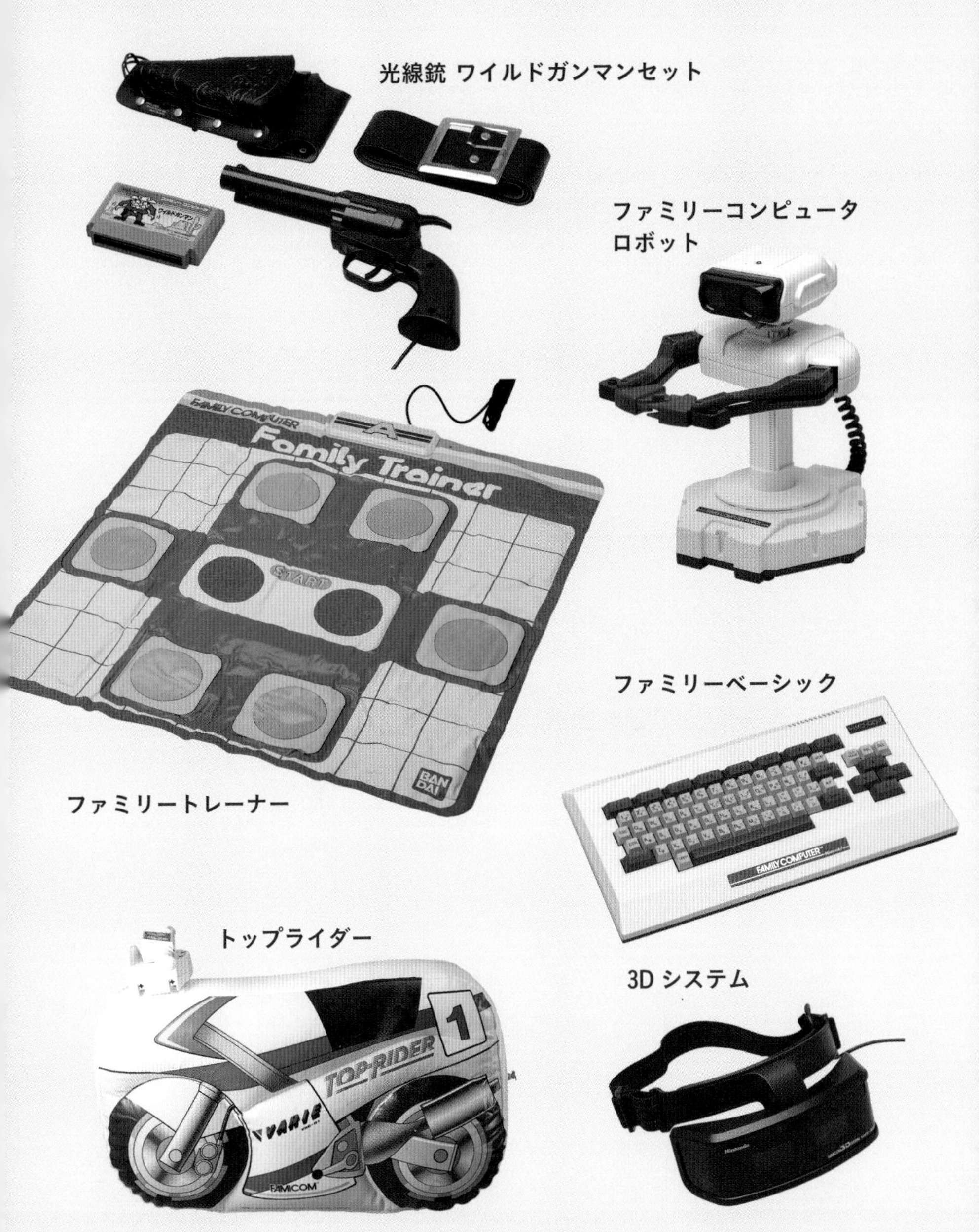
光線銃 ワイルドガンマンセット
ワイルドガンマン
ファミリーコンピュータ
ロボット
FAMILY COMPUTER
A
Family Trainer
START
BANDAI
ファミリーベーシック
FAMILY COMPUTER
ファミリートレーナー
トップライダー
1
TOP-RIDER
VARIE
FAMICOM
3D システム

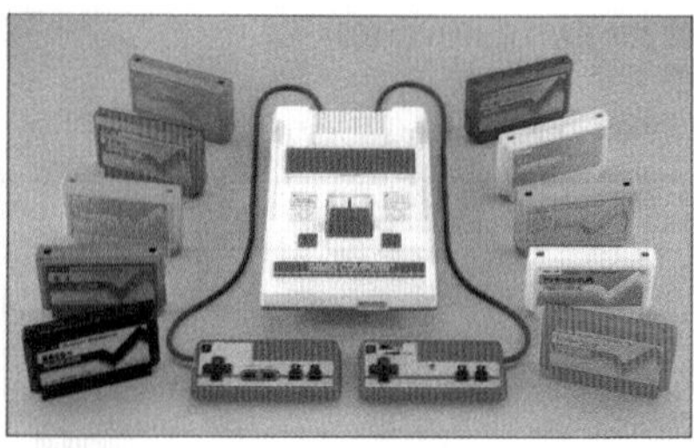

子供から大人まで家族みんなで楽しめる…
家庭用カセット式ビデオゲーム
FAMILY COMPUTER™
ファミリー コンピュータ™
希望小売価格
14,800円（カセット別売）
Nintendo®

ファミリーコンピュータのチラシ

ファミリー コンピュータ™ Nintendo®

ディスク システム

ソフトは買う時代から、書き換える時代へ!

● 1枚のディスクカードで様々なソフトに書き換えることができるディスクライター。全く新しいファミリーコンピュータ用ソフトの供給ターミナルです。

● ファミリーコンピュータディスクシステム用に販売されているソフトなら、どれでもつぎつぎと、その内容をディスクライターで書き換えることができます。

発売ソフト 第1弾

❶ゼルダの伝説 新製品
❷謎の村雨城 新製品
❸ベースボール
❹テニス
❺ゴルフ
❻サッカー
❼麻雀
❽スーパーマリオブラザーズ

(❸〜❽)従来のカセットのゲーム内容と同じです。

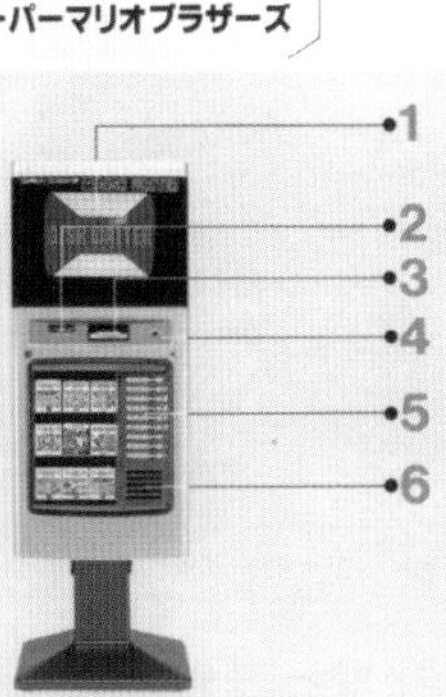

1 モニタテレビ	ディスクライターの宣伝、インフォメーション、操作手順、COPY待ち画面、書き換えしたソフトコードと回数等が表示されます。
2 ディスクカードスロット	ディスクカードを差し込むスロットです。
3 ソフトパックスロット	ソフトパックをセットするスロットです。
4 操作電子鍵	鍵を操作して、書き換え、チェックをします。
5 ソフトパック	ソフトウエアが収納してあります。
6 スピーカー	効果音が流れます。

■仕様

使用電源 AC 100V (約100W)
本体寸法 巾600㎜ 奥行540㎜ 高さ1700㎜
重　量 約115kg

ディスクシステムのパンフレット

MY COMPUTER TV C1
SHARP JR GRAPHI
SHARP

マイコンピュータテレビ C1

● 発売時期：1983年　● メーカー：シャープ
● 当時の価格：93,000円〜

「ファミコン」内蔵のブラウン管テレビ。取り外し可能な独自タイプのコントローラーと、画像が鮮明に映るRGB接続などを採用。本体色は3色、サイズは2種類（14、19型）が発売され、オリジナルソフト『ドンキーコングJR.／JR.算数レッスン』が付属。一部のソフトと周辺機器が動かない。

W 381mm

H 377mm

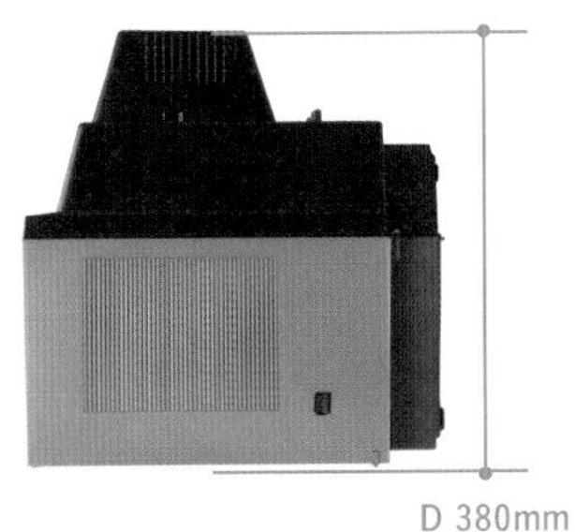

D 380mm

同梱ソフト『ドンキーコングJR.／JR.算数レッスン』

KOUSOKUSEN

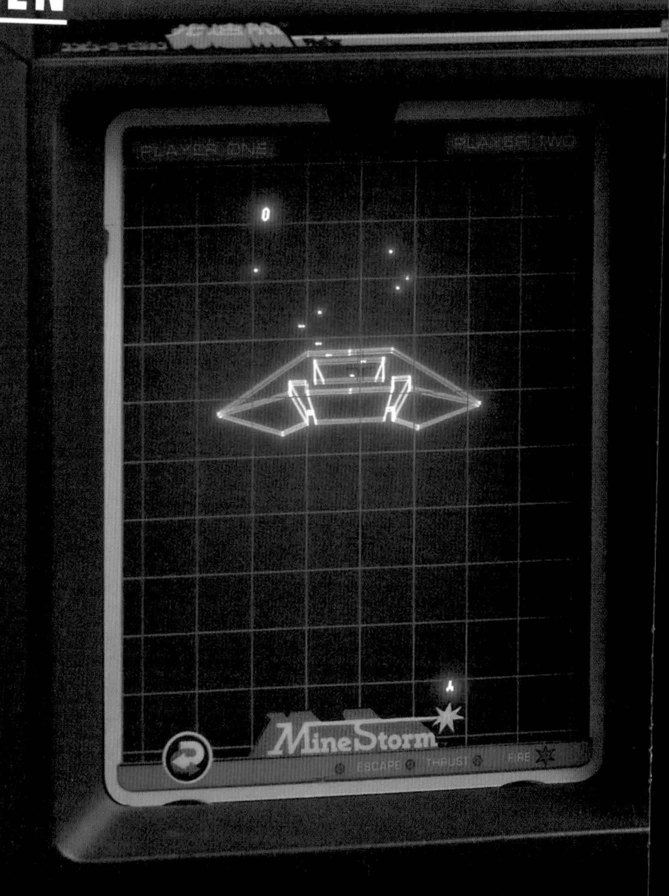

光速船

●発売時期：1983年　●メーカー：バンダイ／GCE
●当時の価格：54,800円

線画のキャラがスピーディーに動くベクタースキャン方式のモニターを搭載したマシン。9インチモニターにはオーバーレイを被せて遊び、コントローラー（別売り）を追加して2人プレイも可能。本体には『マイン・ストーム』というゲームが内蔵され、国内版の対応ソフトは全11本。高価だったことから、有料プレイやレンタル方式も採用された。

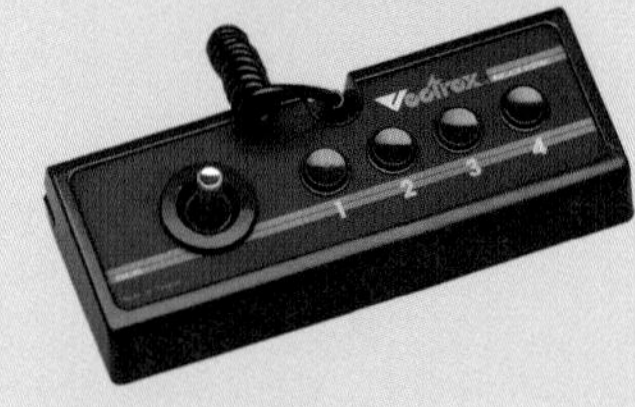

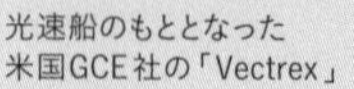

光速船のもととなった
米国GCE社の「Vectrex」

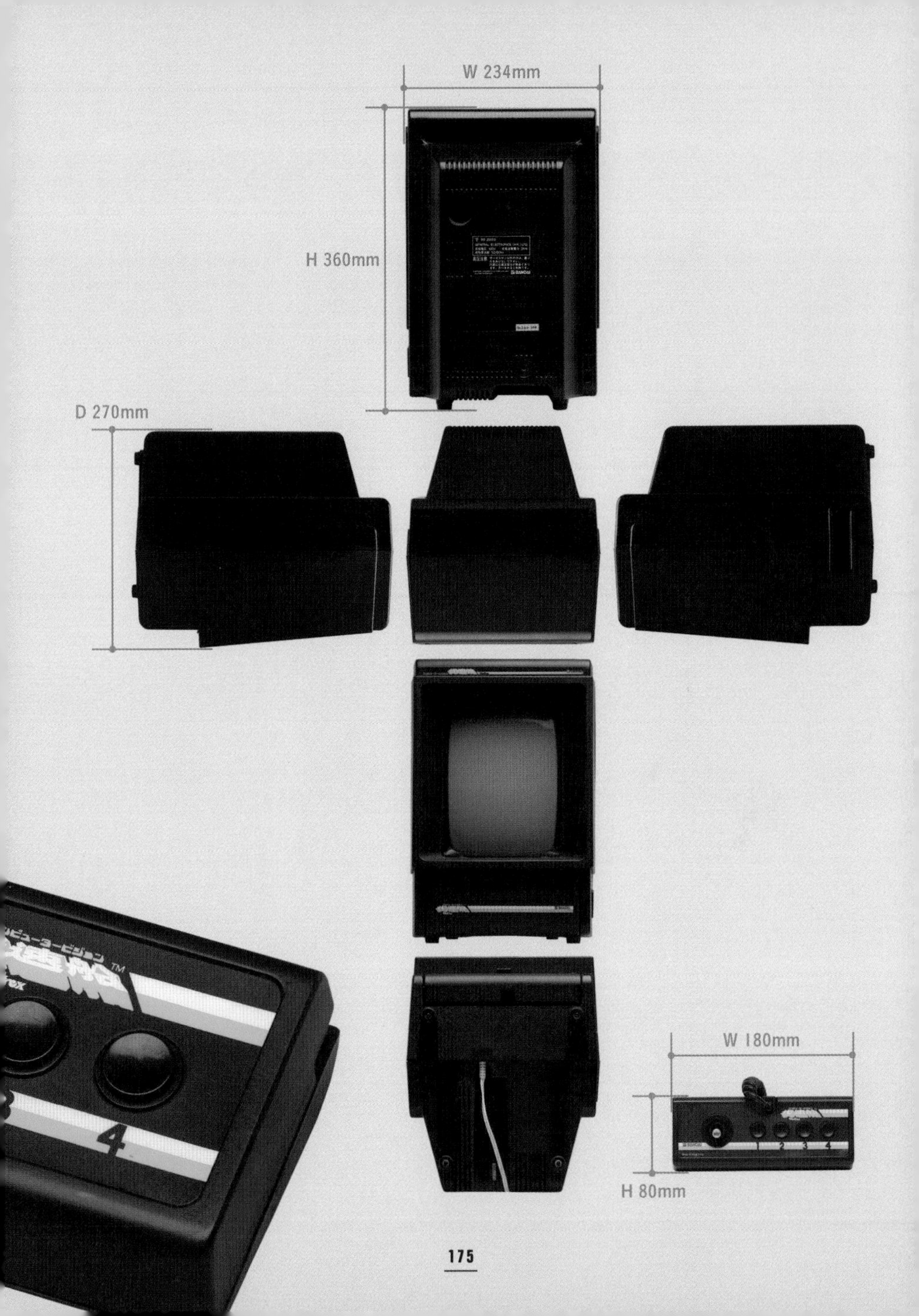
W 234mm
H 360mm
D 270mm
W 180mm
H 80mm

光速船のゲームソフト

アーマーアタック

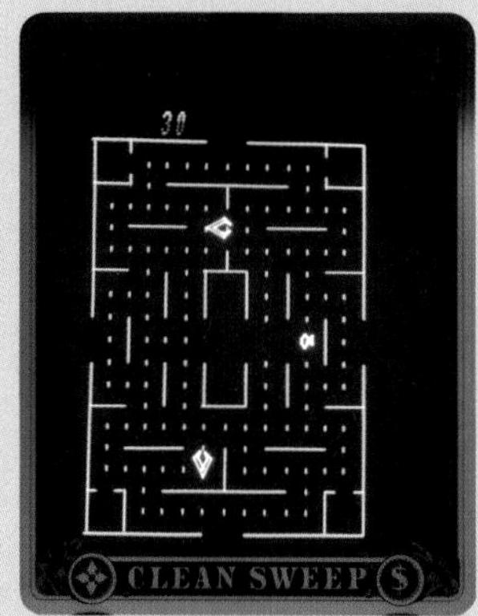

クリーンスウィープ

コズミックカズム

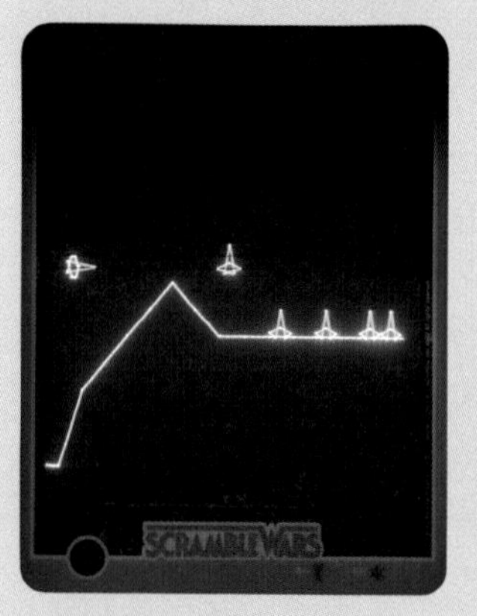

スクランブルウォーズ

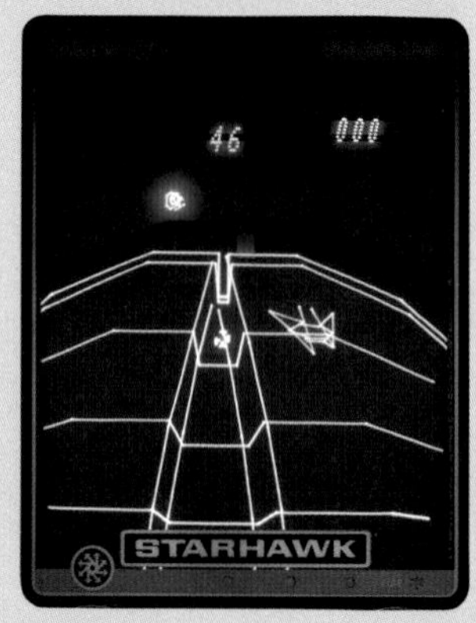

スターホーク

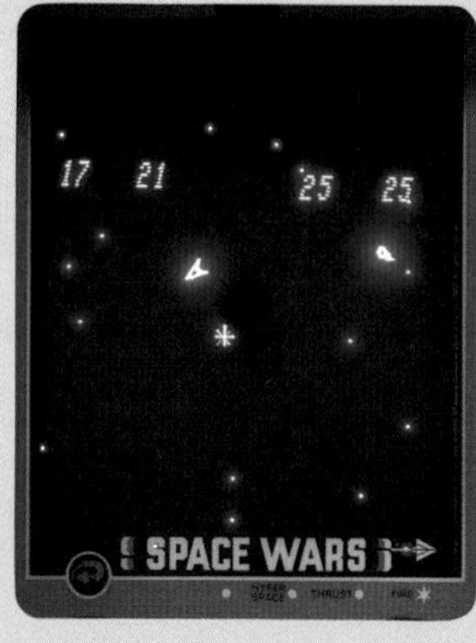

スペースウォーズ

ソーラークエスト

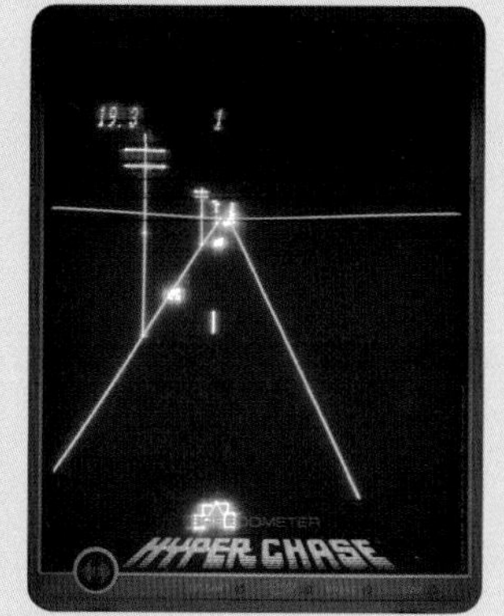

ハイパーチェイス

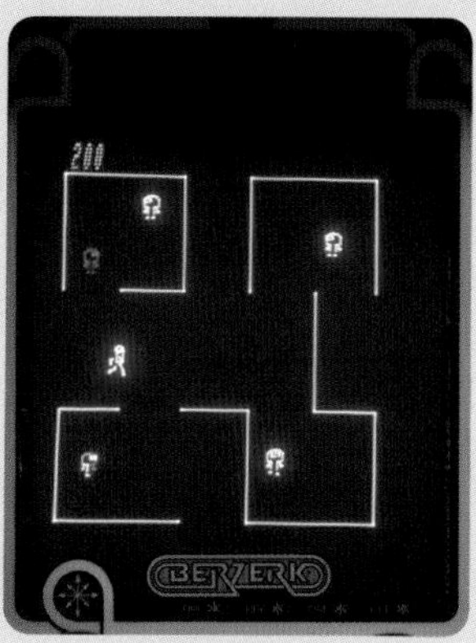

バルザック

ハルマゲドン

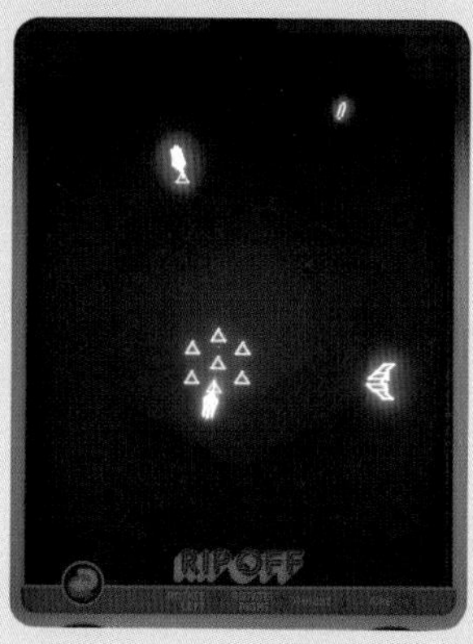

リップオフ

コンピュータービジョン
光速船™
Vectrex
PLAYER ONE
鮮烈！
21世紀のスペース・スペクタクル！
テレビ無用のパーソナル・ゲームマシン！
MineStorm
白熱のスーパーゲーム、
さあ、きみもどんどん挑戦してみよう！
GCE™
A MILTON BRADLEY COMPANY
①ハルマゲドン
③アーマーアタック
⑤クリーンスイープ
⑦ハイパーチェイス
⑨ソーラークエスト
②スクランブルウォーズ
④パルザック
⑥コズミックカズム
⑧リップオフ
⑩スペースウォーズ
⑪スターホーク
HYPER CHASE
SPACE WARS
STARHAWK
標準小売り価格
(ゲーム1本内蔵)
予価 54,800円
コンピュータービジョン〈光速船〉には、宇宙機雷の掃討作戦マインストームが組み込まれています。
標準小売り価格
①・②5,800円
③〜⑪4,800円
SD事業部
+Licensed by Cinematronics, Incorporated ©1978, 1979, 1980, 1981
®Licensed by Konami Industry ©1981
▾Trademark of and licensed by Stern Electronics Inc. ©1980
□Trademark of General Consumer Electronics, Inc.
©GENERAL CONSUMER ELECTRONICS, INC. 1982 SANTA MONICA, CA 90401. ALL RIGHTS RESERVED
Printed in Japan 8305
BANDAI

光速船のチラシ

PV-1000

PV-1000

● 発売時期：1983年　● メーカー：カシオ
● 当時の価格：14,800円

8ビットパソコンのFPシリーズやゲーム電卓などで実績のあったカシオが発売したゲーム専用機。同社イチオシのゲームソフト『パチンコUFO』や業務用のヒット作を取り揃えていた。「PV-2000 楽がき」と同時発売されたが、ソフトの互換性はない。

PV-1000のゲームソフト

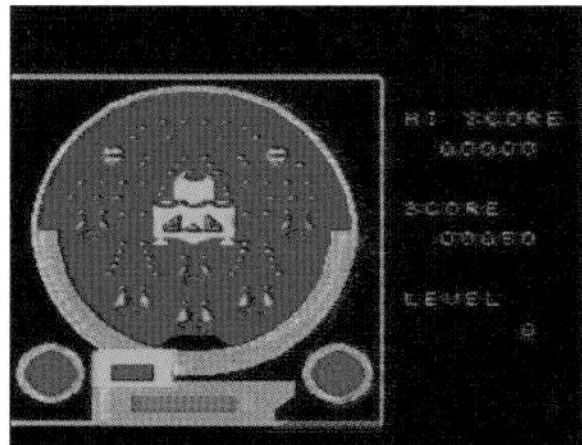

パチンコUFO

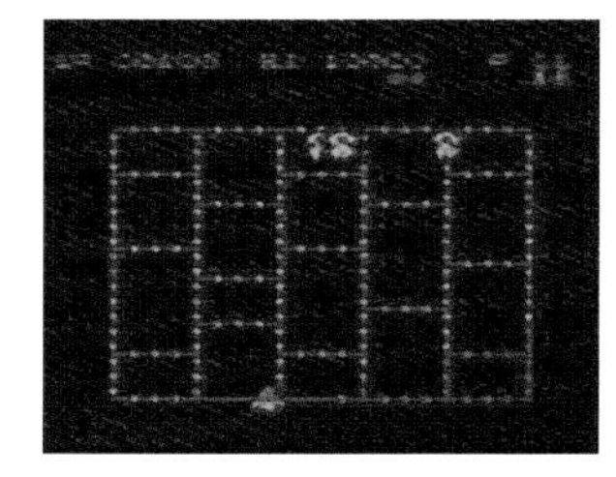

アミダー

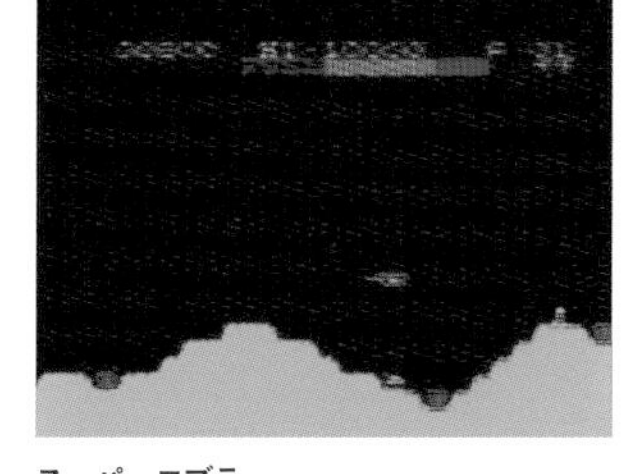

スーパーコブラ

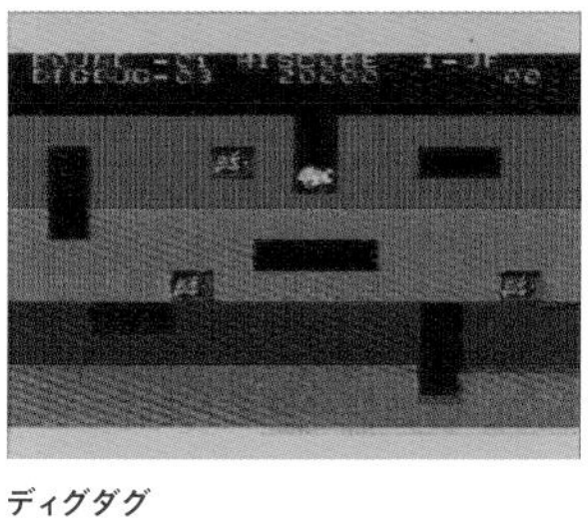

ディグダグ

プーヤン

MY VISION

マイビジョン

- 発売時期：1983年
- メーカー：関東電子／日本物産
- 当時の価格：39,800円

業務用の麻雀ゲームなどを手がけていた日本物産が作ったテーブルゲーム専用機。ソフトは『ハナフダ』『マージャン』『ツメショウギ』など、すべて日本語表記のものが全6本。通信ケーブルをつなげて対戦プレイができるなど、時代を先取りしていた。

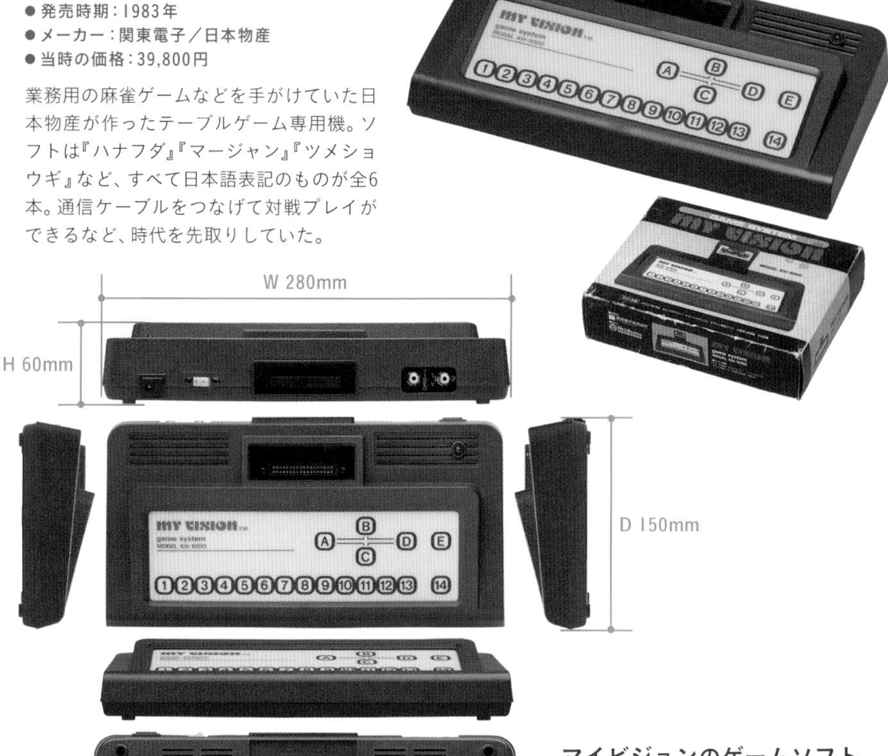

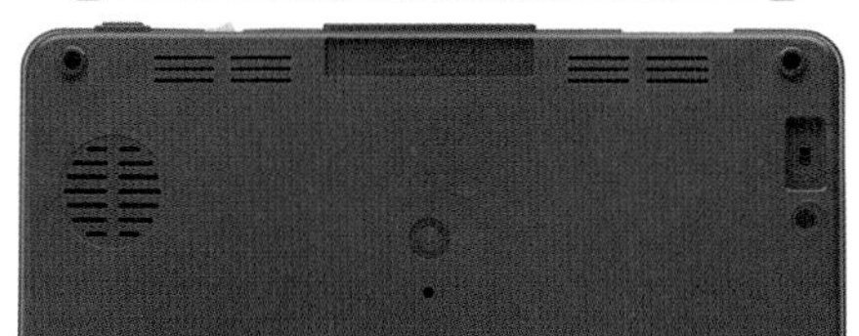

マイビジョンのゲームソフト

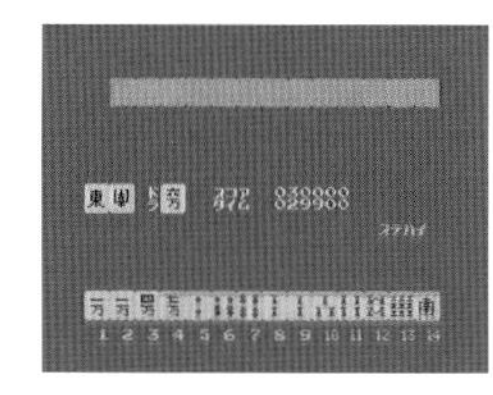

マージャン

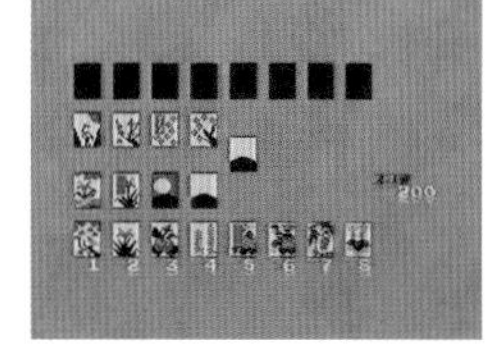

ハナフダ

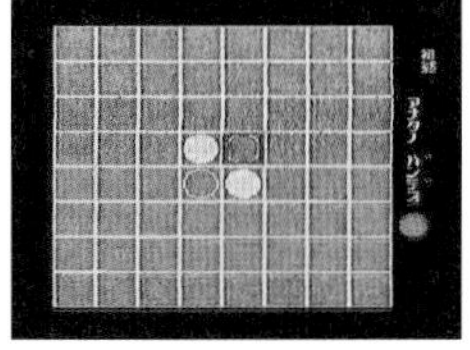

リバーシ

TV BOY

TVボーイ

●発売時期：1983年　●メーカー：学研
●当時の価格：8,800円

LSIゲーム並みの低価格で販売された学研の家庭用ゲーム機。本体搭載のグリップを左手、T字型レバーを右手で握り、親指でボタン操作。対応ソフトは、『フロッガー』や『地対空大作戦』（スーパーコブラ）などコナミの業務用タイトルの移植を含めて全6本が発売された。

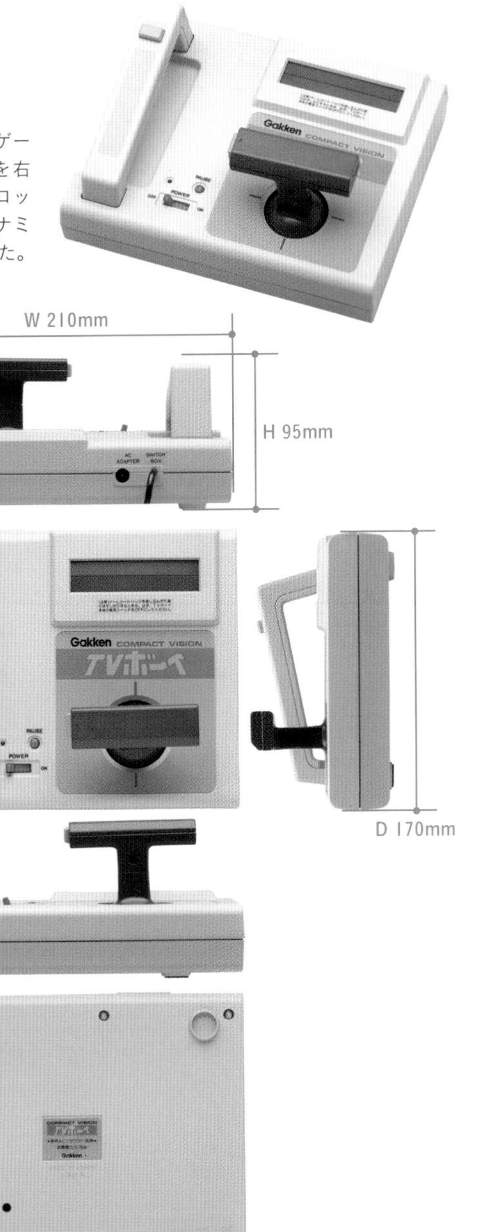

TVボーイのゲームソフト

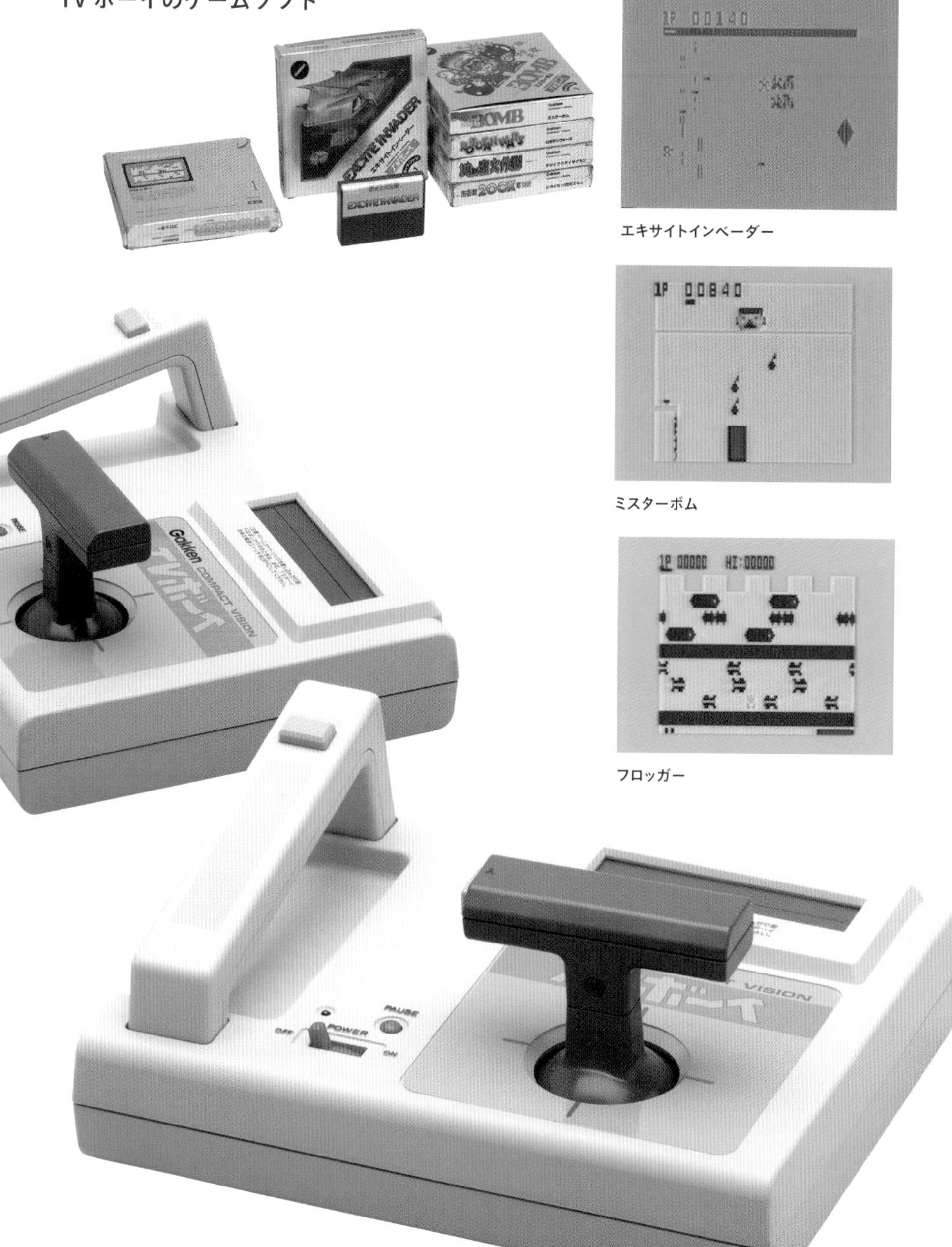

エキサイトインベーダー

ミスターボム

フロッガー

OTHELLO MULTIVISION

オセロマルチビジョン

● 発売時期：1983年　● メーカー：ツクダオリジナル
● 当時の価格：19,800円

オセロゲームを内蔵した家庭用ゲーム機。「SG-1000」シリーズとの互換性があり、同機種のソフトはもちろん、ツクダオリジナルからも対応ソフト8本が発売。後期版「FG-2000」ではジョイスティック部分がパッドに、コントローラー端子の位置が右側に配置されるなど、改善された。

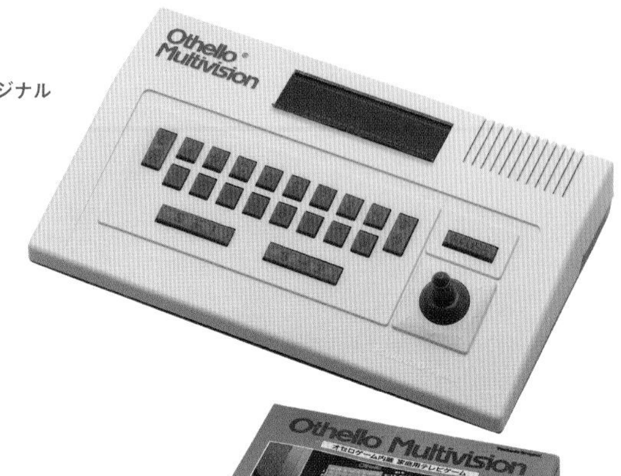

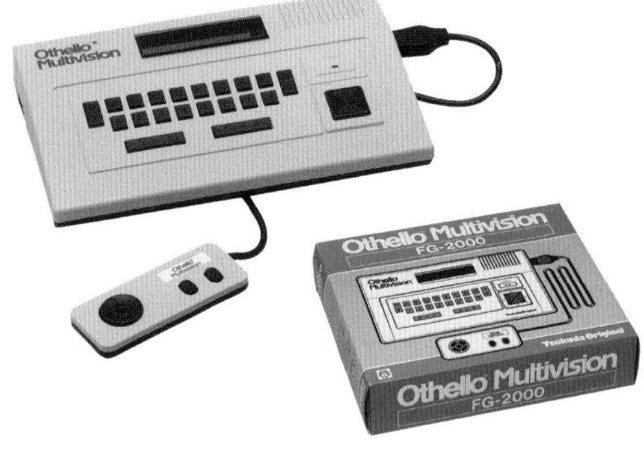

後期型
「オセロマルチビジョン
FG-2000」

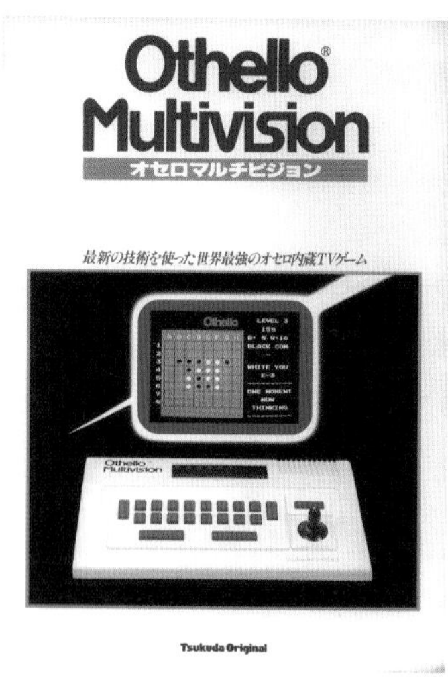

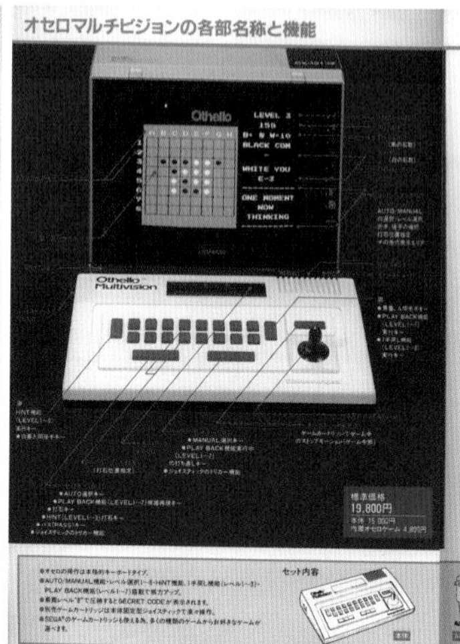

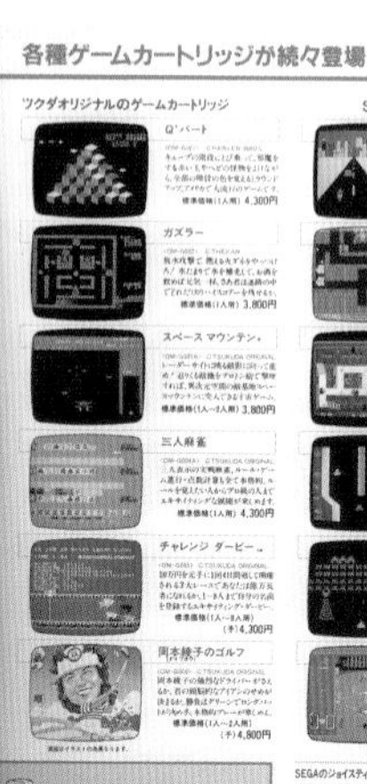

オセロマルチビジョンのパンフレット

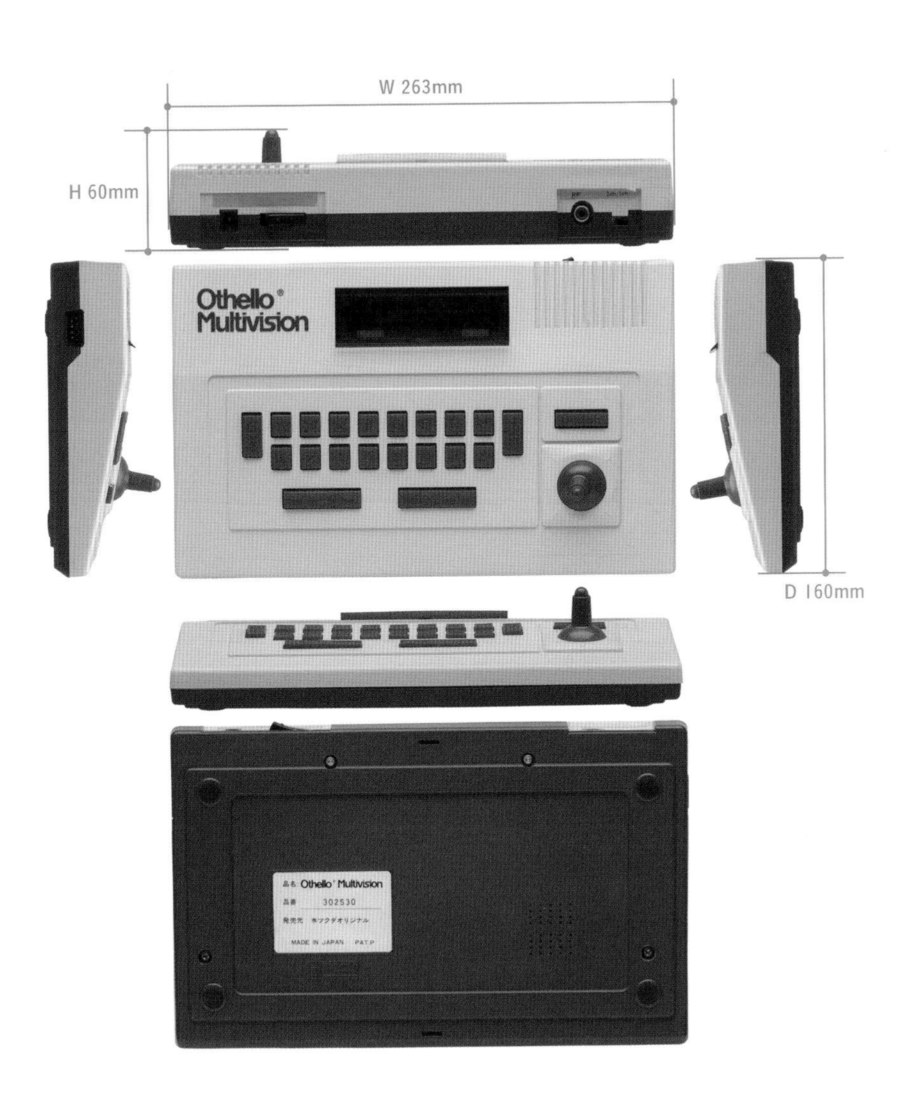

オセロマルチビジョンのゲームソフト

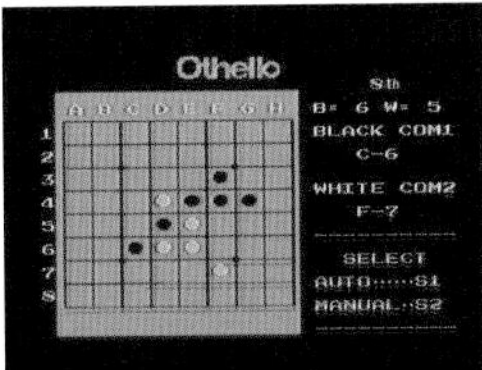

オセロ

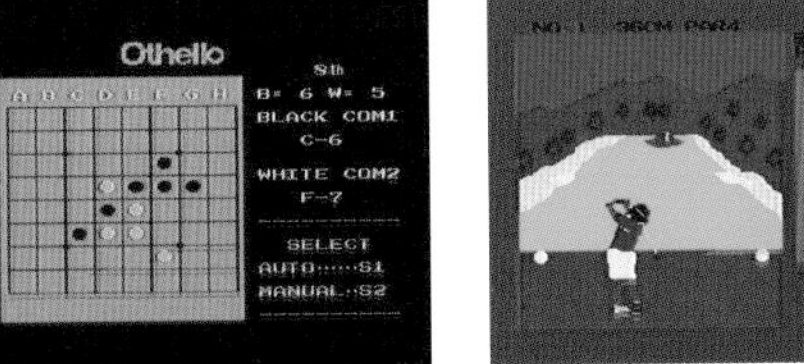

岡本綾子のマッチプレイゴルフ

SUPER CASSETTE VISION

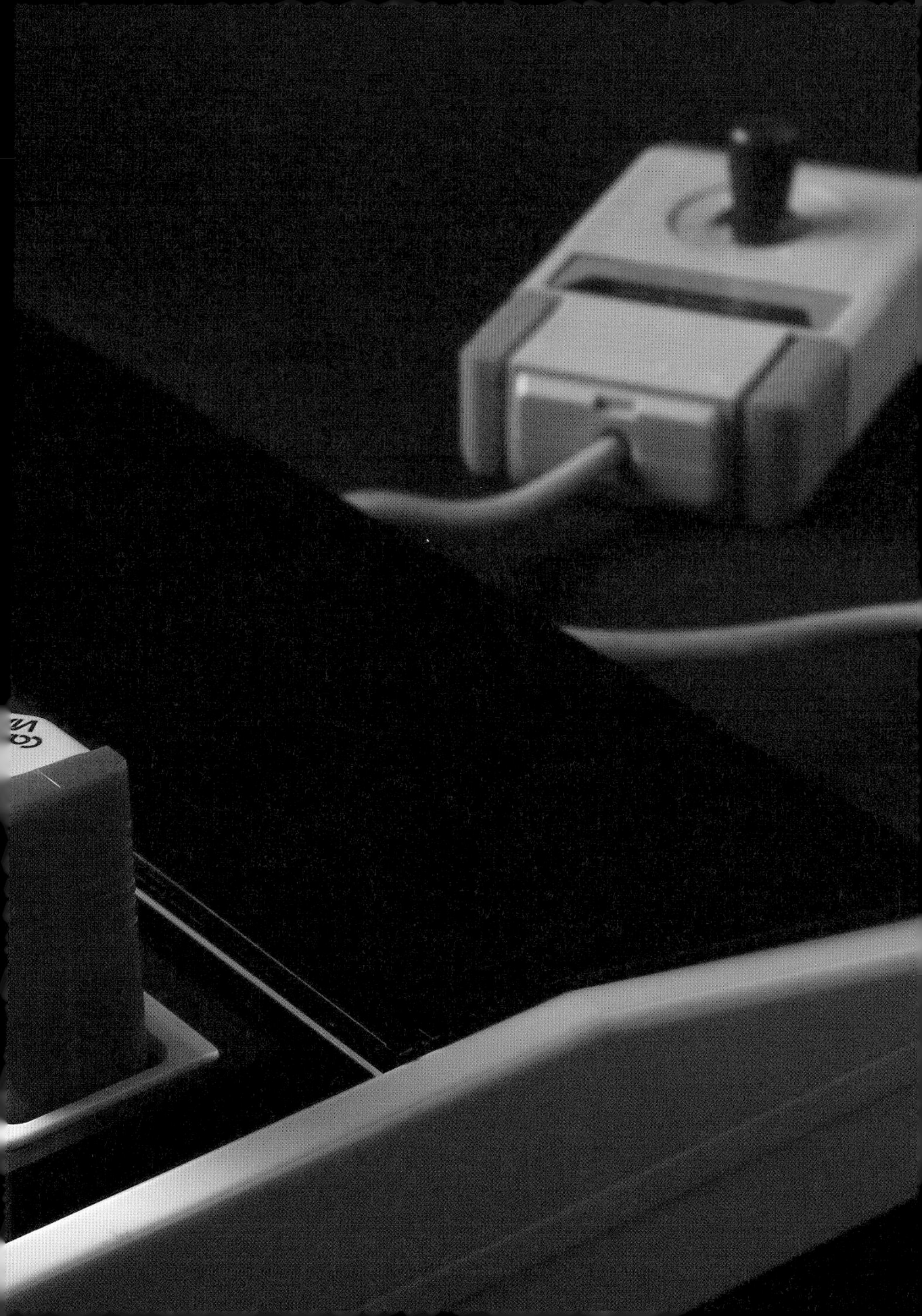

スーパーカセットビジョン

● 発売時期：1984年　● メーカー：エポック社
● 当時の価格：15,000円

ファミコンの攻勢に押されていたエポック社が起死回生を狙って発売したマシン。ファミコンの倍となる128枚のスプライト機能やRGB出力を装備。本体には麻雀ゲームなどで使うテンキーを有し、コントローラーが収納できる。ナムコタイトルの移植を含め、対応ソフトは全30本。

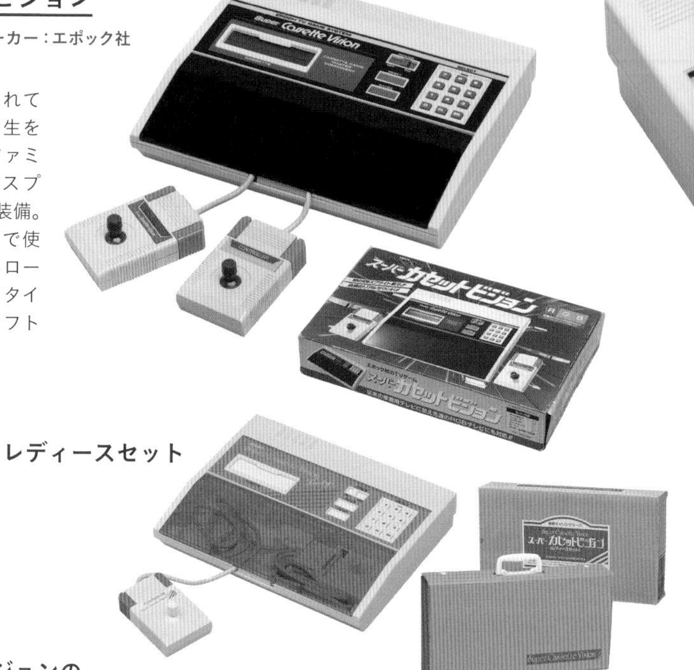

レディースセット

スーパーカセットビジョンのゲームソフト

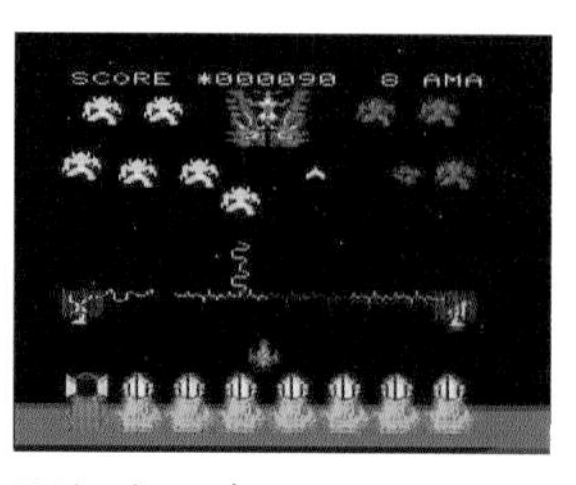

アストロウォーズ

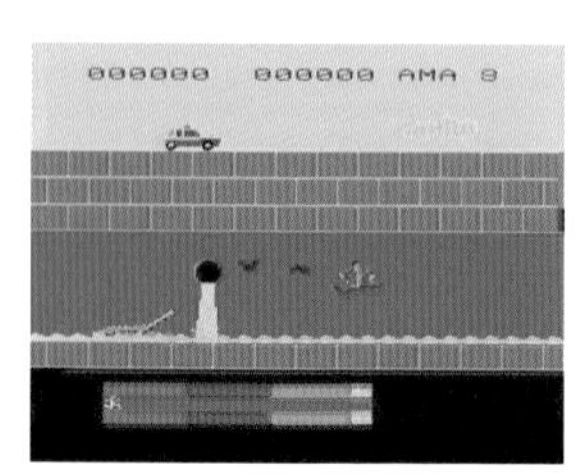

ルパン三世 バルセロナ 洞穴脱出作戦

熱血カンフーロード

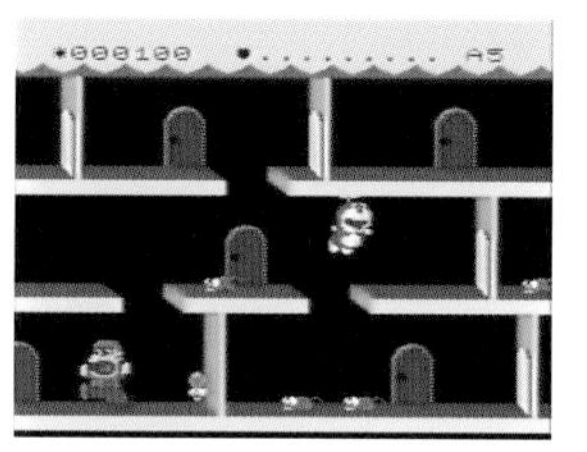

ドラえもん

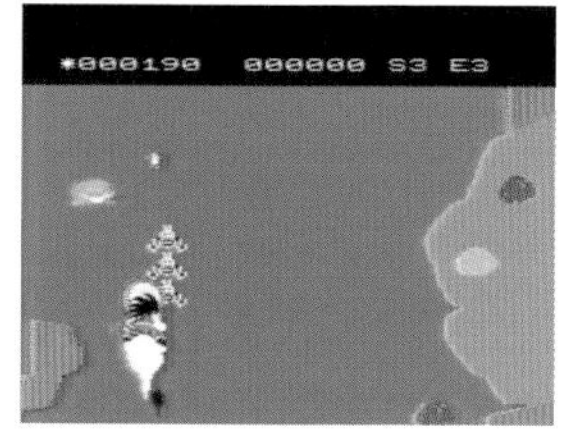

ドラゴンボール ドラゴン大秘境

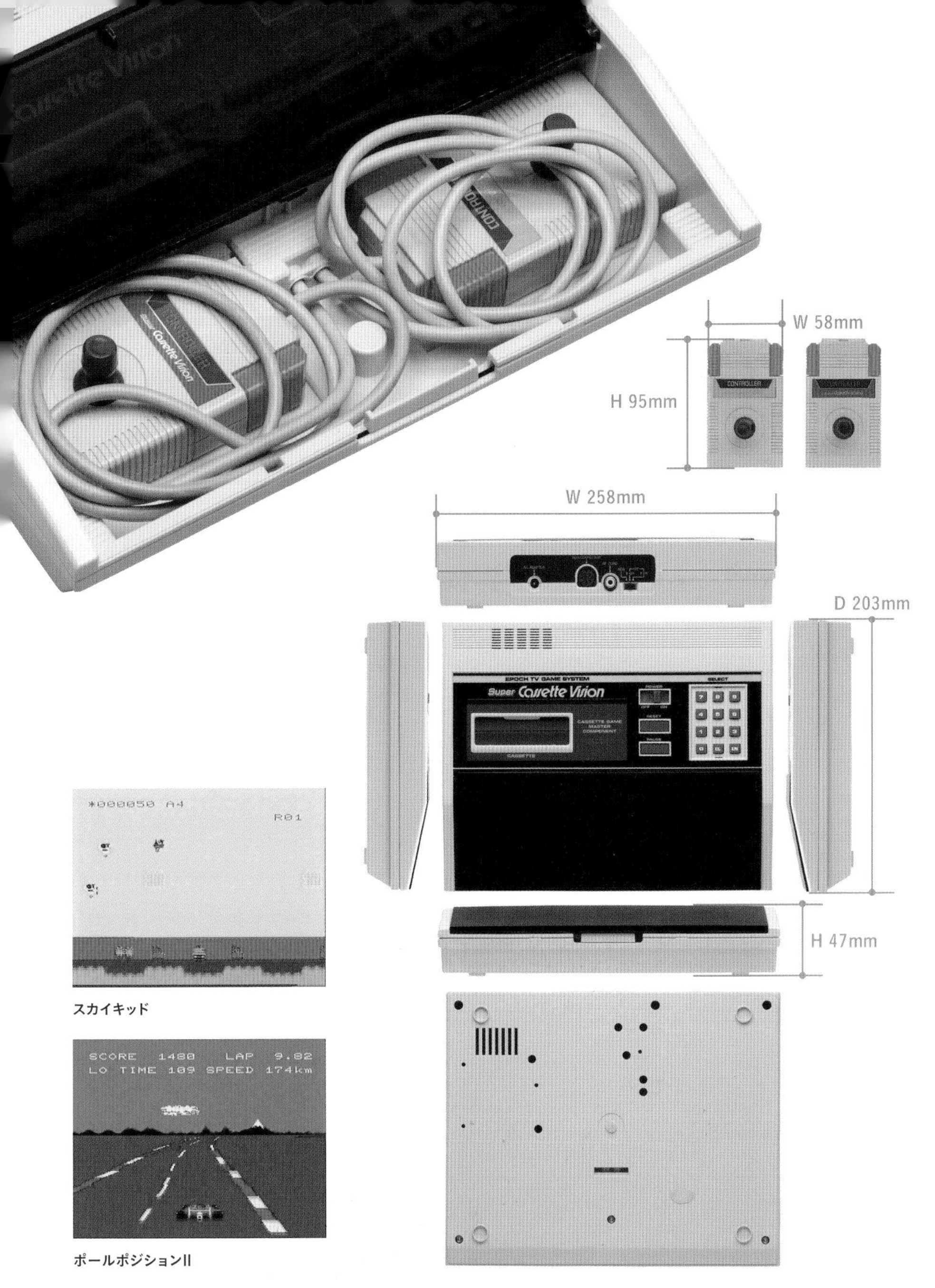

スカイキッド

ポールポジションII

SEGA MARKIII/ MASTER SYSTEM

3-D GLASSES
PAUSE
POWER ON
CARD
SEGA
JOY-2
JOY-1

セガ・マークIII

● 発売時期：1985年　● メーカー：セガ
● 当時の価格：15,000円

「SG-1000」シリーズとの互換性を有した上位モデル。グラフィック面が強化され、本体にはマイカード専用スロットが搭載された。『スペースハリアー』や『アフターバーナー』など業務用の人気タイトルも多く移植され、セガファンからの熱い支持を受けた。

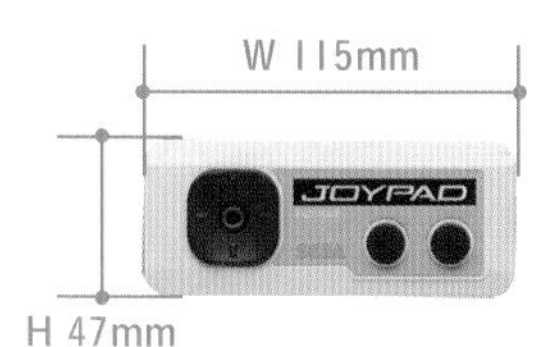

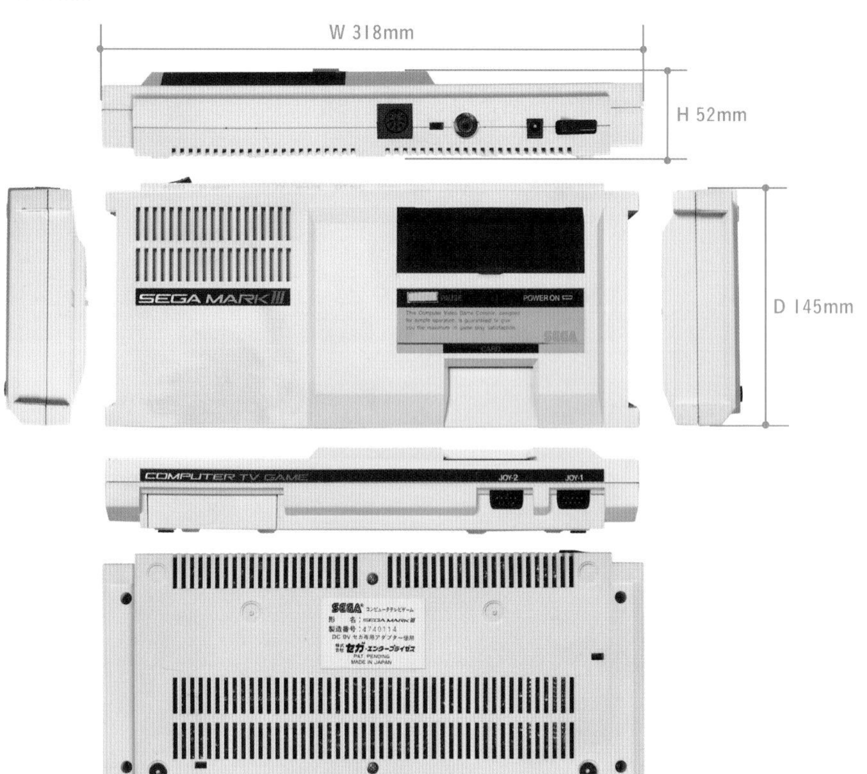

マスターシステム

● 発売時期：1987年　● メーカー：セガ
● 当時の価格：16,800円

「セガ・マークIII」のモデルチェンジ版。FM音源と連射機能の搭載、立体視可能な「3-Dグラス」の接続端子を装備。元々は、「セガ・マークIII」を海外向けにアレンジしたもので、国内版とは機能が異なる。海外では「セガ・マークIII」と合わせて1,900万台が普及したという。

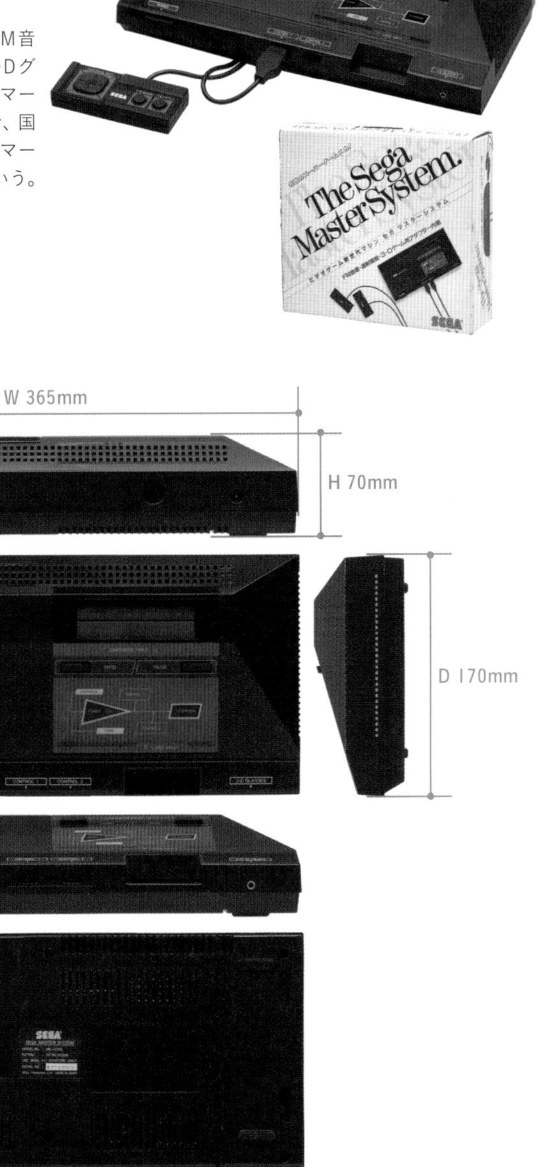

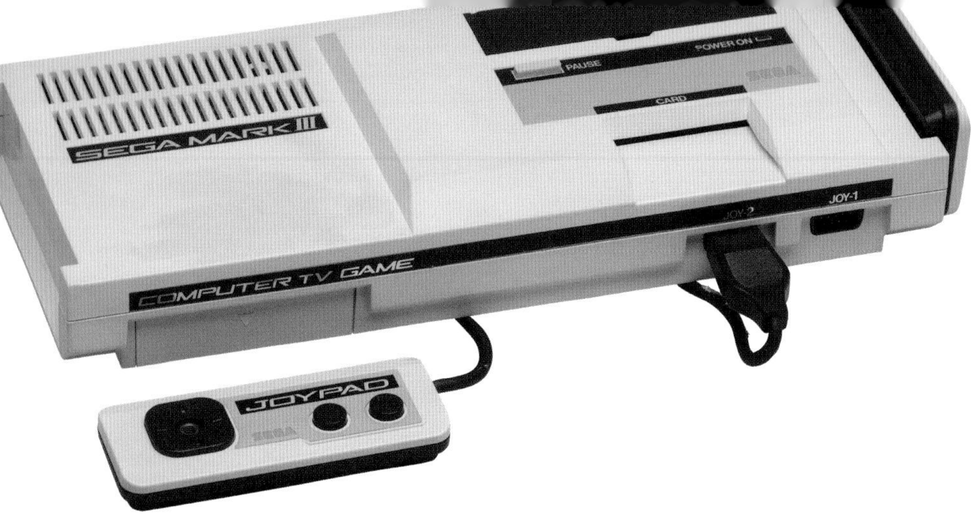

セガ・マークⅢの ゲームソフト・周辺機器

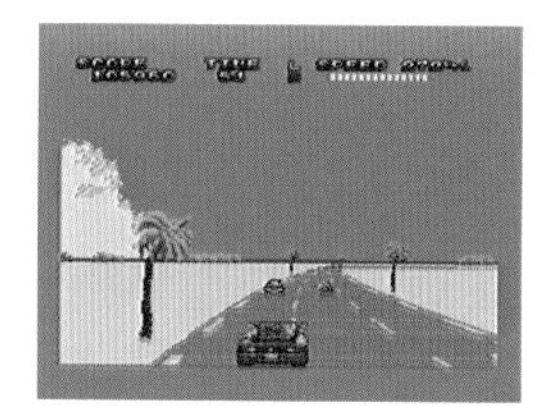

アウト ラン

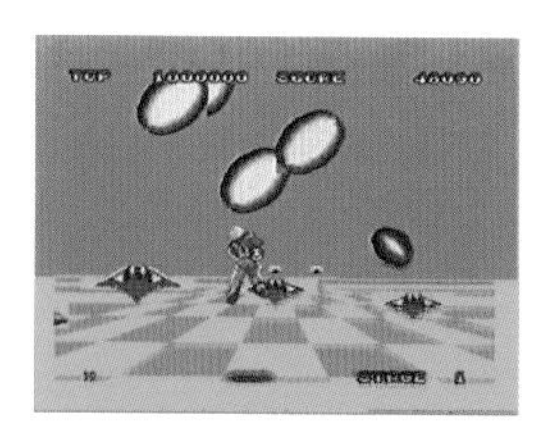

スペースハリアー

テレコンパック

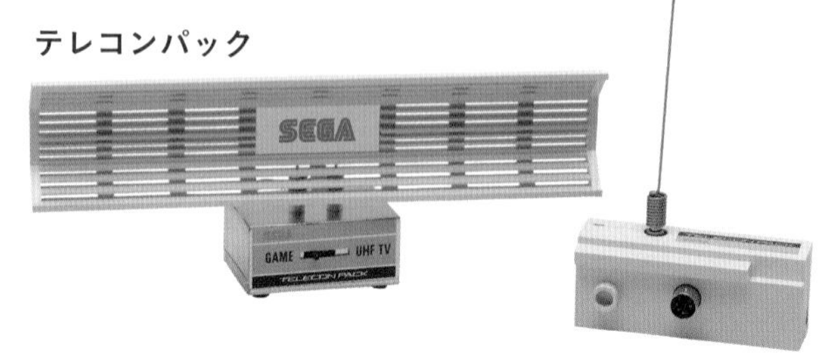

ハング オン

テレビおえかき

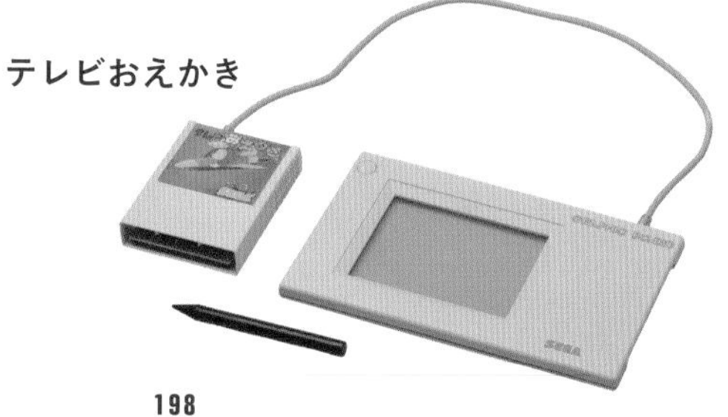

CONTROL 1
CONTROL 2
COMPUTER TV GAME

PART3
GAMING PERSO

NAL COMPUTER

ゲームパソコン

MAX MACHINE

commodore

マックスマシーン

- 発売時期：1982年
- メーカー：ムーミン／コモドールジャパン
- 当時の価格：34,800円

海外で大ヒットした「commodore64」の下位互換機にあたるゲームパソコン。ゲームソフトが2,980円という低価格で販売され、ハル研究所も開発に携わっていた。キーボードを搭載し、BASICも使える低価格パソコンとして売り出された。

W 350mm

H 60mm

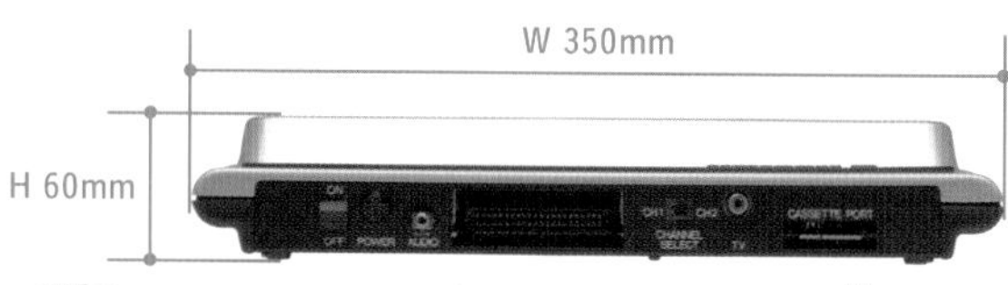

D 185mm

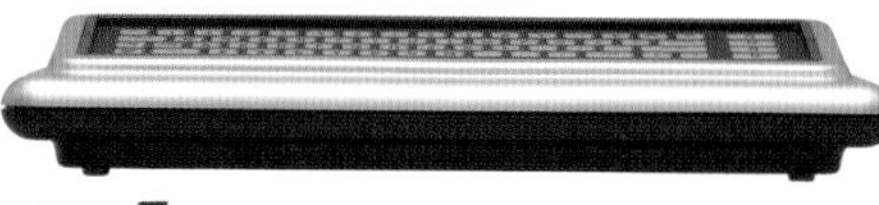

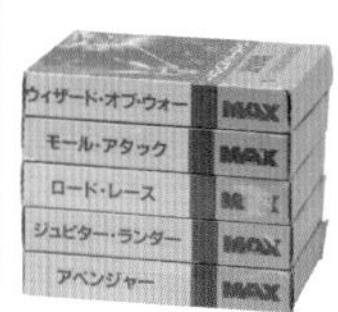

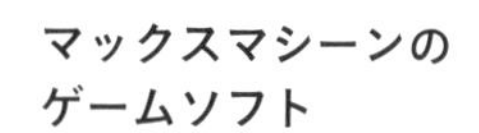

マックスマシーンのゲームソフト

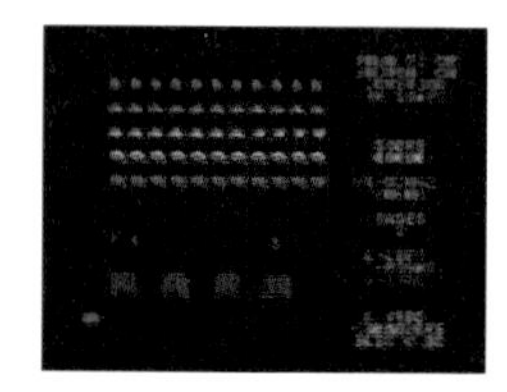

アベンジャー

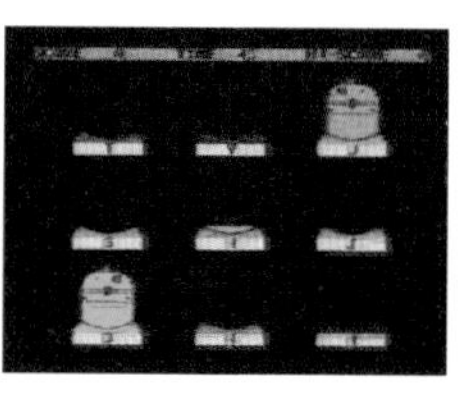

モール・アタック

PYUTA
MON
RT

ぴゅう太

● 発売時期：1982年　● メーカー：トミー
● 当時の価格：59,800円

16ビットCPU搭載のゲームパソコン。ゲームソフトはもちろん、描いた絵がすぐ動かせるお絵かき機能や、カタカナ入力による日本語BASIC(G-BASIC)機能などが特徴。玩具らしいカラーリングやゴム製キーボードなど子供に夢を与える作りだった。「ぴゅう太Jr.」や「ぴゅう太-mkII」もある。

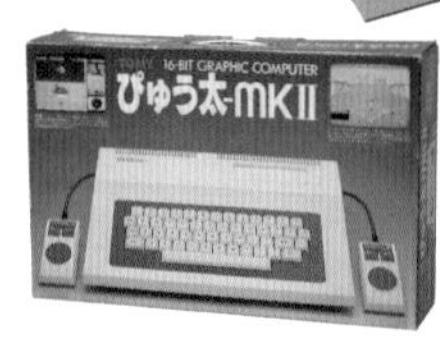

ぴゅう太 Jr.

ぴゅう太のゲームソフト

ぴゅう太 -mkII

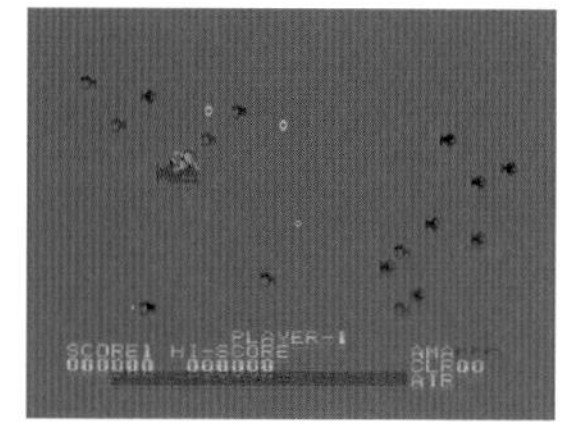

ボンブマン

スーパーバイク

マリンアドベンチャー

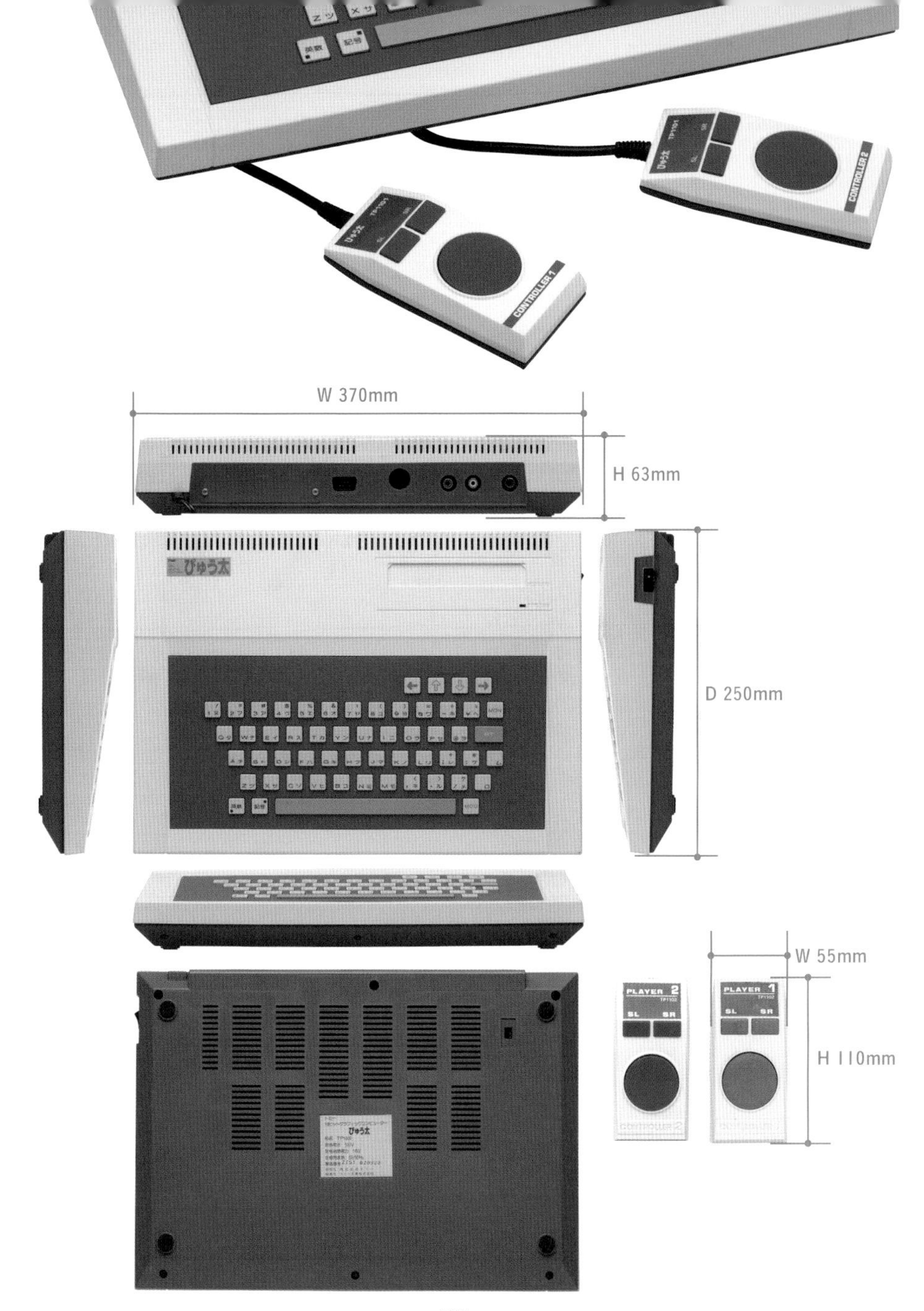
CONTROLLER 1
CONTROLLER 2
W 370mm
H 63mm
D 250mm
W 55mm
H 110mm
PLAYER 2
PLAYER 1
SL
SR

GAME PASOCOM
SORD COMPUTER SYSTEMS INC
Game
personal computer system
TAKARA
TAKARA TOYS CO.,LTD
TAKARA
◀ATTACK

SORD
TAKARA TOYS CO.LTD
RESET
RETURN
SPACE
SHIFT
ATTACK

ゲームパソコン

- 発売時期：1982年　● メーカー：タカラ
- 当時の価格：59,800円

ソードとタカラが共同開発したゲームパソコン。B5サイズというコンパクトな本体には、コンポジット出力や拡張端子などが充実。タカラが「ゲームパソコン」、ソードが「m-5」の名称で発売し、「m-5Jr.」や「m-5Pro」などもある。ゲームソフトにはコナミやナムコの移植も。

m-5

m-5Jr.

ゲームパソコンのゲームソフト

m-5Pro

プーヤン

ヘヴィボクシング

後期型「ゲームパソコンM5」

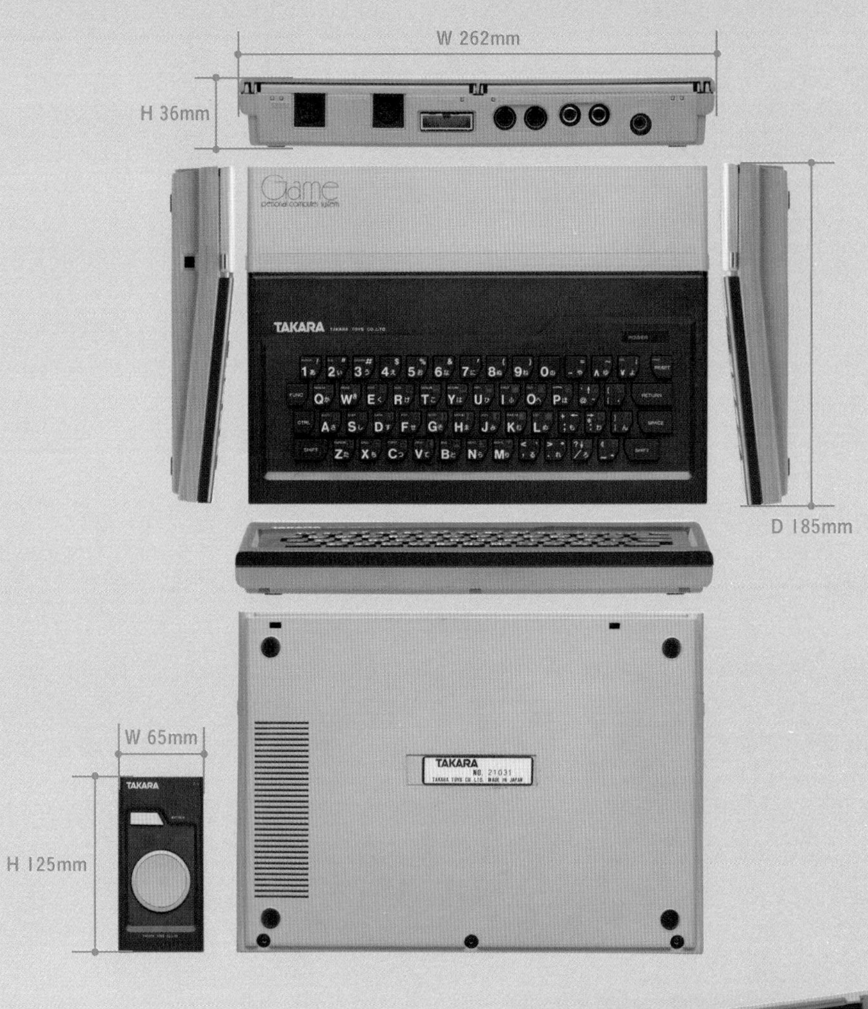
W 262mm
H 36mm
D 185mm
W 65mm
H 125mm
Game
personal computer system
TAKARA
TAKARA TOYS CO.LTD
TAKARA
NO. 21031
TAKARA TOYS CO.LTD. MADE IN JAPAN

ゲームパソコン
INSERT CARTRIDGE
POWER
RESET
RETURN
TAKARA
TAKARA TOYS CO.LTD

RX-78 GUNDAM

BS-BASIC
COMPUTER
X-78
GUNDAM
CTRL

RX-78 GUNDAM

●発売時期：1983年　●メーカー：バンダイ
●当時の価格：59,800円

パソコンに将来を賭けたバンダイが、ガンダムの形式番号から名付けて販売したゲームパソコン。ゲームはもちろん、BASIC、学習ソフト、当時高価だったワープロソフトなど豊富なジャンルのソフトが揃っていた。開発はシャープが担当。専用コントローラーは別売りだった。

RX-78 GUNDAM のゲームソフト

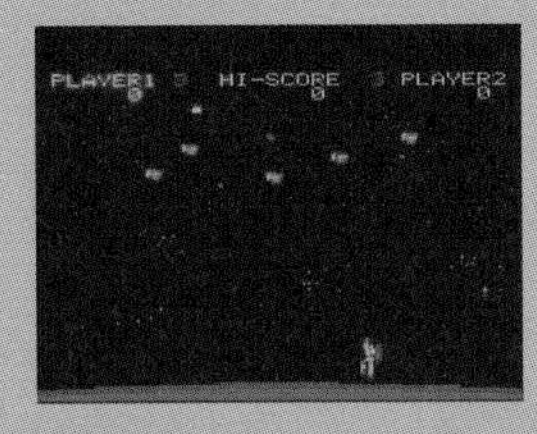

機動戦士ガンダム ルナツーの戦い

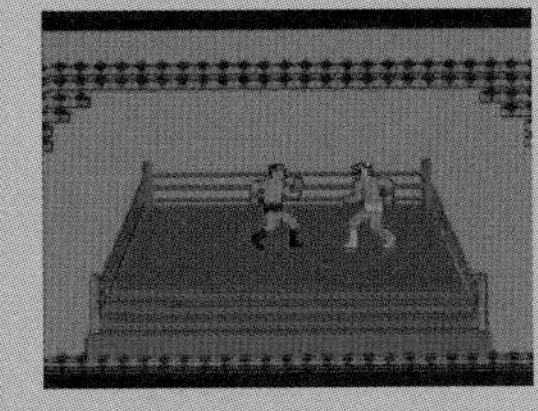
プロレス

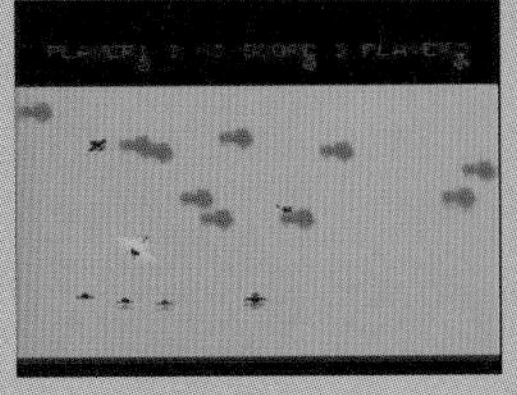
零戦

SC-3000

SC-3000
Personal Computer

SC-3000

● 発売時期：1983年　● メーカー：セガ
● 当時の価格：29,800円

セガ初の家庭用ゲームパソコン。BASICカートリッジ（別売り）でプログラムを組んだり、豊富な周辺機器に接続したり、ゲームカートリッジを挿したりして遊べる。本体色は3種類あり、キーボードが改善され、RAM容量が増えた「SC-3000H」もある。「SC」はセガのコンピューターの略。

ホワイト

ブラック

SC-3000H

ブラック

ホワイト

レッド

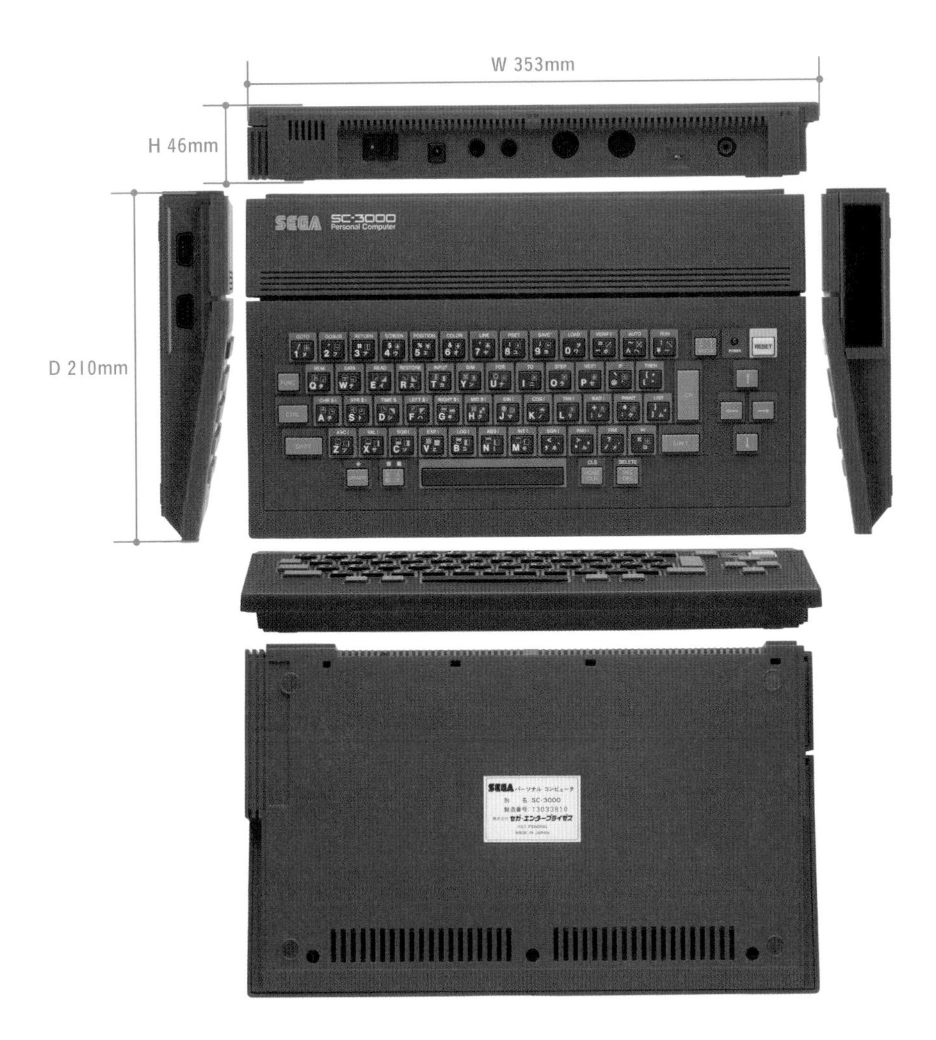

SC-3000 のゲームソフト

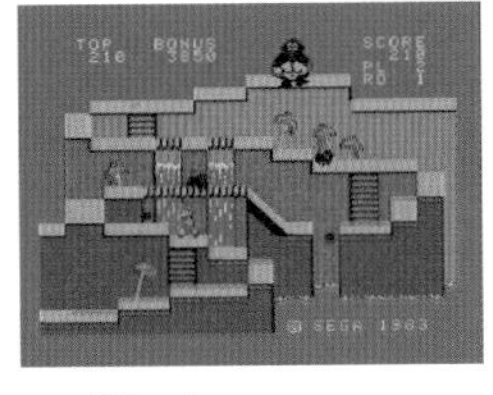

コンゴボンゴ

スペーススラローム

PV-2000 RAKUGAKI

PV-2000 楽がき

● 発売時期：1983年　● メーカー：カシオ
● 当時の価格：29,800円

BASICやお絵かき機能を搭載したゲームパソコン。キーボードには8方向のカーソルキーが搭載され、ゲームカートリッジを挿して遊ぶことができる。増設RAMやプリンタ接続など拡張端子も装備。ゲーム専用機「PV-1000」と同時発売されたが、ソフトの互換性はなし。

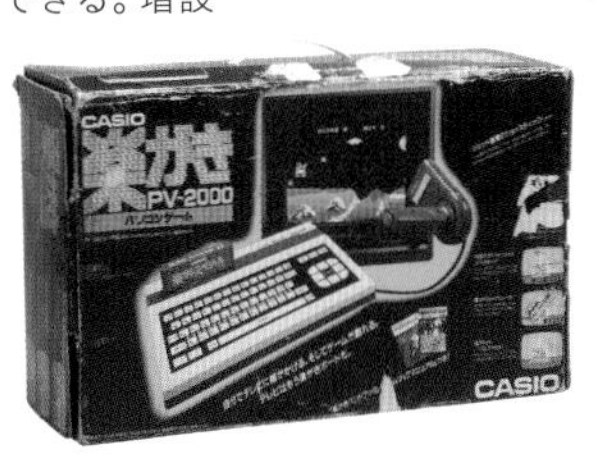

PV-2000 楽がきのゲームソフト

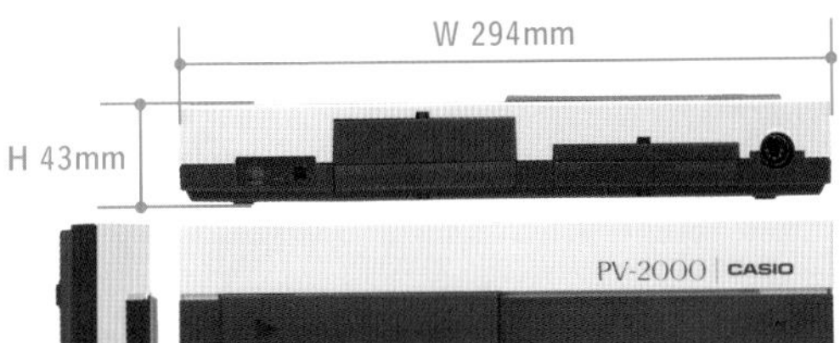

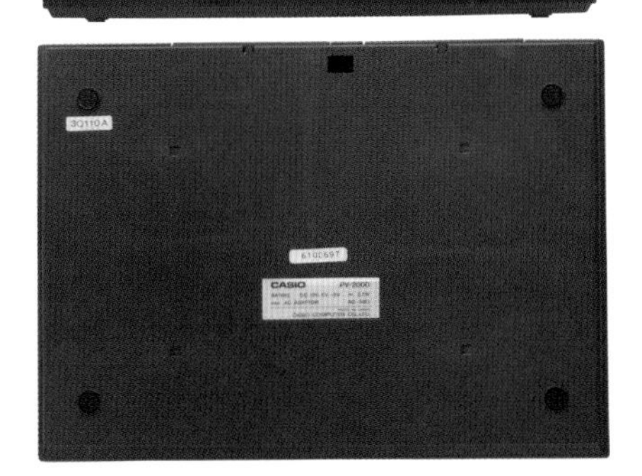

パチンコUFO

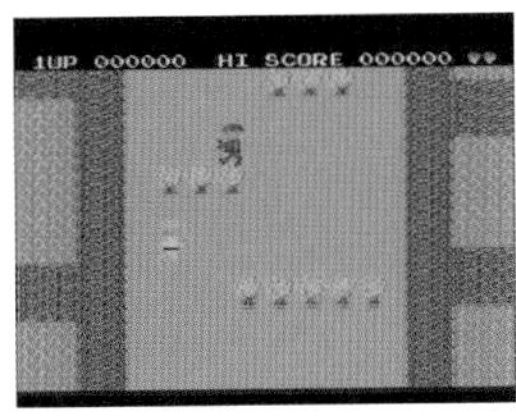

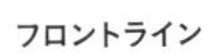

フロントライン

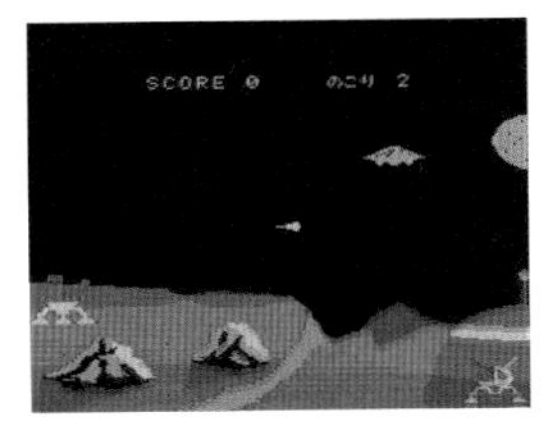

楽がきスペシャル

本書の表記ルールについて

- ソースがはっきりしない話や真相不明の情報につきましては、基本的に掲載を見合わせています。
- 本書に記載した製品名、発売時期、当時の価格、メーカー名は、すべて当時の雑誌、カタログ、広告、チラシ、取扱説明書を参照した独自調査によるものです。
- 本書で取り扱っているゲーム機、ソフト、そのほかの商品につきましては、個人の収集物を撮影・スキャンしたものです。なお、状態が極端に悪いものについては、画像の一部を加工・修正している場合があります。
- 開発と販売がわかれる場合には、メーカー名は販売元を優先的に記載しています。一部例外もあります。
- ゲーム画面はすべて実機から取り込んでいます。経年劣化により、発売当時と色合いなど異なる場合があります。
- 本体の寸法は実際に測った数値を記載しているため、メーカーの仕様と若干異なる場合があります。
- 本書で取り扱っているゲーム機、ソフト、そのほかの商品については、個人の収集物となりますが、各種権利はメーカーさま各社に帰属しており、各社の商標または登録商標です。各社へのお問い合わせはご遠慮ください。

■参考文献

『月刊トイジャーナル』(東京玩具人形協同組合 1975年8月～1984年8月)
『トイズマガジン』(商報社 1975年8月～1984年8月)
『テレビゲーム 電視遊戯大全』(テレビゲーム・ミュージアム・プロジェクト 1988年)
『テレビゲーム大図鑑』(徳間書店 1983年)
『カラー版 テレビゲーム大作戦』(実業之日本社 1984年)
『アミューズメントライフ』No.1～No.14(東京経済 1983年～1984年)
『初歩のラジオ』(誠文堂新光社 1977年3月)
週刊ファミ通「ROAD to FAMICOM 1972-1984」(2008年9月12日号～2009年1月2日増刊号)
電波新聞(電波新聞社 1977年～1982年)
日経産業新聞(日本経済新聞社)
ファミコン通信、週刊ファミ通(アスキー)

あとがき

家庭用ゲーム機の誕生から40年以上経つが、ファミコン以前の機種には未だ謎が多く、探究心をくすぐられる。ネットの普及でその存在は広く知れ渡るようになったが、私が興味を持った90年代前半に家庭用ゲーム機をまとめた書籍はなかった。学生時代に国立国会図書館へ通い、過去にどんな機種が出ていたのか当時の雑誌を徹底的に調べ、全国各地の古いおもちゃ屋を巡って現物を入手。それは遺跡の発掘のような驚きと発見があって愉しかった。わかったことを本にしようと、ファミコンが誕生するまでの歴史をまとめた同人誌を発行。いまでこそ家庭用ゲーム機は日本が席巻しているが、70年代はまだ技術が乏しく、大半は外国製のLSIを搭載した一体型ゲーム機だった。80年代になるとCPU搭載のカセット交換式やキーボード搭載のゲームパソコンが登場し、ゲームタイトルも充実。わずか数年間に登場した機種は100種類以上にも及ぶが、ほとんど一過性のブームで終わっている。本書ではそんなファミコン前後に発売されたクラシックゲームにスポットを当ててみた。クラシックゲームの魅力のひとつは、その時代ならではのデザイン性にある。おもちゃっぽいものから本格的なオーディオ機器のようなものまで、並べてみるとメーカーごとに特徴があって面白い。シンプルなゲームを専用コントローラーで操作するあの感覚も最高だ。どこか懐かしくも新しくもあるクラシックゲームたち。機会があればぜひ触れてみてほしい。

2020.10.23

山崎 功

山崎 功　ISAO YAMAZAKI

1976年生まれ。1970年代から1990年代のホビーが好きなライター。おもちゃや任天堂製品を収集・研究している。著書に『任天堂コンプリートガイド』や『懐かしの電子ゲーム大博覧会』などがある。NPO法人「ゲーム保存協会」にて、電子ゲームのアーカイブ活動を行っている。

クラシックゲーム大博覧会
1972-1985

著者　山崎功

撮影　八島崇、山崎功
デザイン／DTP　木村由紀（MdN Design）
　田中聖子（MdN Design）
協力　大和祥晃

発行人　古森優
編集担当　山口一光

発行　立東舎

印刷・製本　株式会社シナノ